石油化工厂施工作业安全风险分析与控制

朱以刚 编著

中国石化出版社

内 容 提 要

本书主要针对作业人员在石油化工厂进行动火作业、受限空间作业等作业过程中所涉及的安全风险进行了分析，并给出了相应的防范措施。书中所述内容，源于生产实际，书中采用现场多张实景照片，生动形象，是作者多年来在石油化工厂生产一线从事现场安全监督管理工作直接经验的科学总结。

本书语言简练，内容充实，紧密联系实际，特别适合于安全管理人员、施工管理人员、生产操作人员以及施工作业人员作为专业技术培训和现场安全管理之用。

图书在版编目(CIP)数据

石油化工厂施工作业安全风险分析与控制 / 朱以刚编著.
—北京：中国石化出版社，2014.5
ISBN 978-7-5114-2769-4

Ⅰ.①石… Ⅱ.①朱… Ⅲ.①石油化工厂-工程施工-安全风险-风险管理-安全管理 Ⅳ.①TU745.7

中国版本图书馆CIP数据核字(2014)第082967号

中国石化出版社出版发行

地址：北京市东城区安定门外大街58号
邮编：100011 电话：(010)84271850
读者服务部电话：(010)84289974
http://www.sinopec-press.com
E-mail：press@sinopec.com
北京科信印刷有限公司印刷
全国各地新华书店经销
*
787×1092毫米 16开本 18.75印张 371千字
2014年5月第1版 2014年5月第1次印刷
定价：54.00元

前言

石油化工厂具有规模大型化、工艺流程复杂化、技术含量高、自动化程度高、生产连续性强、高温高压、有毒有害、易燃易爆易污染环境的特点，同时，石油化工厂施工现场每天都存在大量的、人数众多的检维修和工程建设等施工作业。如果没有做好现场安全监督管理工作，就容易发生安全事故，甚至造成重大的人员伤亡、巨大的经济损失以及恶劣的社会影响。

本书收录作业人员在动火作业、受限空间作业、高处作业、临时用电作业、起重作业、动土作业、现场基础管理、个人劳动保护方面的违章照片，每张照片都从风险源点、风险分析、风险防范、同类风险4个方面，阐述石油化工厂施工作业安全风险分析与控制的方法。本书还对典型的安全事故案例进行点评，同时列出了有关施工作业的相关规范，分条说明如何将规范条款要求落实到现场。目的在于提高安全管理人员、施工管理人员、生产操作人员以及施工作业人员的现场安全作业和现场安全监督水平。

本书由中国石化茂名分公司高级工程师朱以刚编著，作者长期在石油化工厂生产一线从事现场安全监督管理工作，在如何做好现场安全管理工作方面，积累了很多经验。书中所述内容，为作者实践经验与理论知识的结合。

由于作者知识水平有限，本书尚有不足之处，敬请广大读者提出宝贵意见。

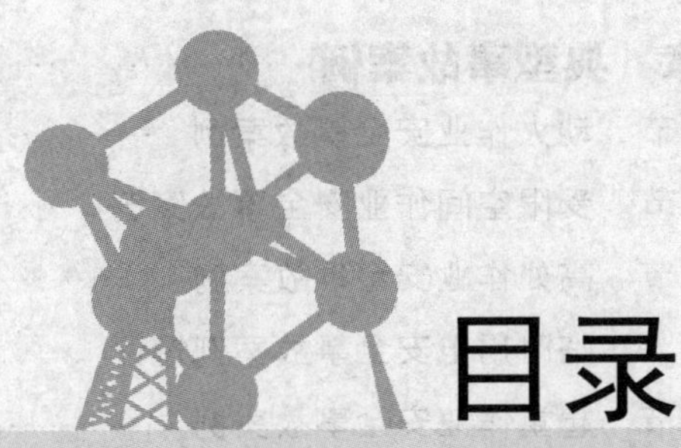

目录

第一章

动火作业安全风险分析与控制

动火作业的每一个细节，稍有不慎，都能引起人员伤亡和火灾、爆炸事故。下面从动火作业装备和动火作业现场管理两个方面，说明动火作业安全风险分析与控制方法。

第一节 动火作业装备设施安全风险分析与控制

风险源点 乙炔瓶没有配开阀扳手，见图1–1。

风险分析 遇到泄漏或其他需要紧急关瓶阀的情况，无法关闭瓶阀。

风险防范 将开阀扳手套在瓶阀上。

同类风险 ①采用普通开阀扳手，不是防爆扳手；②减压阀后接管处无防回火装置；③瓶身缺防撞圈。

图1–1 乙炔瓶没有配开阀扳手

风险源点 瓶阀出口接管紧固，不是用专用管箍，而是用钢丝，见图1–2。
风险分析 钢丝扎穿气管，造成漏气。
风险防范 用专用管箍紧固接管。
同类风险 ①将橡胶接管直接套入瓶阀出口使用，没有外加紧固措施；②橡胶接管与瓶阀出口间连接处漏气。

图1–2 气瓶瓶阀出口接管不用管箍

风险源点 乙炔瓶管线老化出现裂纹，见图1–3。
风险分析 泄漏可燃性乙炔气，严重时造成火灾爆炸事故。
风险防范 ①更换新乙炔气管线；②经常检查乙炔气管线。
同类风险 ①乙炔气管线接触到焊件、焊瘤，高温熔穿；②乙炔气管线被尖锐工件、材料刺穿。

图1–3 乙炔瓶管线老化出现裂纹

风险源点 平台板会振动，或者人走过后会抖动，乙炔瓶未固定，会造成倾翻，见图1-4。

风险分析 乙炔瓶倾翻，受到激烈撞击，会瓶体破裂，或者瓶阀断裂，造成火灾爆炸事故。

风险防范 捆绑固定在护栏处。

同类风险 将乙炔瓶固定在靠近热源、高温的位置。

图1-4 平台板会振动而乙炔瓶未固定，易倾翻

风险源点 下班收工后，从压力表显示情况看，没有关闭乙炔瓶阀，见图1-5。

风险分析 如果出现漏气，因已经下班，将不能够及时发现。

风险防范 下班前，关闭瓶阀。

同类风险 下班人员离开前，没有检查现场是否有不安全因素。如现场有未断开电源、有残留火源、有泄漏、有欲坠落的不牢固件、未设置警戒线或未恢复防护栏。

图1-5 下班收工后没有关闭乙炔瓶阀

风险源点 乙炔瓶夏天受到曝晒，见图1–6。

风险分析 乙炔瓶受到曝晒，温度升高，导致压力升高，易熔塞熔化产生泄漏或者瓶体破裂。

风险防范 将乙炔瓶放置在阴凉处，或者采取遮阳措施。

同类风险 ①非在用、临时存放现场的乙炔瓶受到曝晒；②错误认为已使用完乙炔气的瓶可以受到曝晒，实际上是有残留的，仍然会升压。

图 1-6 乙炔瓶夏天受到曝晒

风险源点 乙炔气瓶卧放，见图1–7。

风险分析 造成丙酮泄漏。

风险防范 乙炔气瓶直立放置。

同类风险 ①乙炔气瓶倒放；②将乙炔气瓶直立放置在松软、不平整、倾斜的地面，最终倒下。

图 1-7 乙炔气瓶卧放

风险源点 乙炔气瓶管线受到重压，见图1–8。

风险分析 乙炔气瓶管线穿孔、破裂。

风险防范 作业时摆放整齐管线，保护好管线。

同类风险 ①气瓶管线受到车辆碾压；②气瓶管线受到材料设备重压。

图1–8 乙炔气瓶管线受到重压

风险源点 乙炔瓶压力表指针在限止钉下方，说明压力表显示不准确，已经损坏，见图1–9。

风险分析 不能掌握瓶内压力大小情况。

风险防范 更换压力表。

同类风险 压力表显示气瓶压力超压，没有采取措施。

图1–9 乙炔瓶压力表指针在限止钉下方

风险源点 乙炔瓶减压阀压紧装置出现裂纹，见图1-10。

风险分析 压紧装置要承受减压阀前压力，开瓶阀后，压紧装置受压断裂。

风险防范 ①更换压紧装置；②经常检查气瓶附件。

同类风险 乙炔瓶瓶阀出现漏气，继续使用。

图 1-10 乙炔瓶减压阀压紧装置出现裂纹

风险源点 动火监护使用的灭火器超压，见图1-11。

风险分析 超压严重，灭火器贮气瓶会爆裂。

风险防范 将超压灭火器置于阴凉处，或者将其泄压。同时，超压灭火器不能再作为动火监护使用。

同类风险 ①监护使用的灭火器喷管脱落；②监护使用的灭火器缺失铅封；③监护使用的灭火器压力不足；④监护使用的灭火器已超过5年使用期限；⑤监护使用的灭火器无合格证标签。

图 1-11 动火监护使用的灭火器超压

风险源点 动火监护使用的灭火器收工后未放回原器材箱，见图1-12。

风险分析 灭火器收工后不放回原器材箱，到处乱放，发生着火，难于立即找出灭火器进行灭火。

风险防范 动火监护使用的灭火器，收工后立即放回原器材箱内，若发生着火事故，可立即取用。

同类风险 动火监护使用推车式灭火器，其重量大，如果推车所要移动的路线不畅通，或者在高处着火，这种灭火器将不能马上到达灭火点进行灭火。

图1-12 动火监护使用的灭火器收工后未放回原器材箱

风险源点 动火监护使用的灭火器在烈日下曝晒，见图1-13。

风险分析 灭火器升压，严重时贮压瓶爆裂。

风险防范 将灭火器置于阴凉处。

同类风险 ①将动火监护使用的灭火器放在可能着火点处；②将动火监护使用的灭火器放在人员进入取用后，没有退路退出的危险位置。

图1-13 动火监护使用的灭火器在烈日下曝晒

风险源点 动火作业前检查水炮，水炮出水压力不足，见图1–14。

风险分析 动火作业引发火灾事故，不能有效灭火。

风险防范 动火作业前检查动火点可用的消防设施，确保其好用。

同类风险 ①动火点周边消防道路不畅通；②进行危险性大的动火，却同时停用了消防水。

图1–14 动火前检查水炮，水炮出水压力不足

风险源点 动火前检查消防扳手，扳手手柄折断，见图1–15。

风险分析 扳手手柄折断，变短，不能开启消防栓。

风险防范 更换消防扳手。

同类风险 车间未配置有消防扳手，发生火灾时无法开启消防栓。

图1–15 动火前检查消防扳手，扳手手柄折断

风险源点 动火前检查消防水带，水带与接头连接不牢固，见图1–16。
风险分析 动火作业发生火灾，无法投用水带。
风险防范 更换水带与接头连接的绑扎带。
同类风险 ①水带长度不足；②水带老化、腐烂、穿孔；③没有配喷枪。

图1–16 动火前检查消防水带，水带与接头连接不牢固

风险源点 动火前检查洗眼器没有出水，见图1–17。
风险分析 发生人身事故，需要应急使用的洗眼淋浴器没有出水，不能发挥作用。
风险防范 日常、动火前都要检查洗眼器出水情况，查明没有出水原因，采取措施，如清理滤网。
同类风险 ①洗眼淋浴器出水脏，不能安全使用；②洗眼器出水缺失网罩。

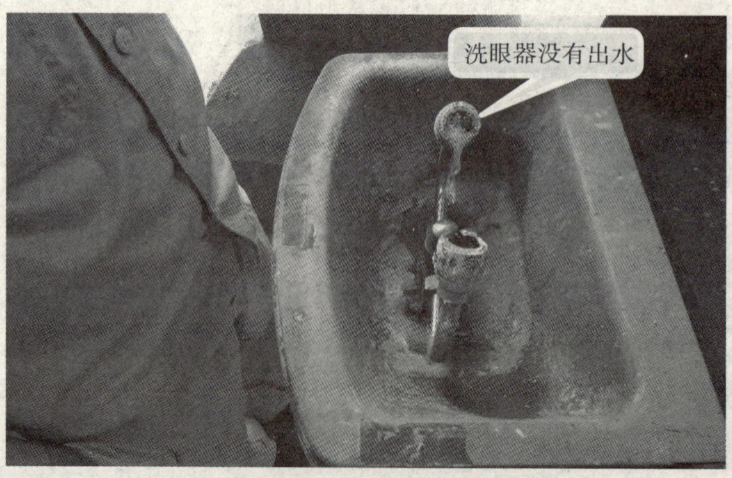

图1–17 动火前检查洗眼器没有出水

- **风险源点** 乙炔–氧火枪的乙炔接管开裂，见图1–18。
- **风险分析** 从连接点的开裂处泄漏乙炔，使动火枪时发生燃烧。
- **风险防范** 更换新接管，或者切除开裂部分后，重新接用胶管。
- **同类风险** ①氧气胶管开裂；②氧气胶管、乙炔胶管与火枪连接处的紧箍带松动。

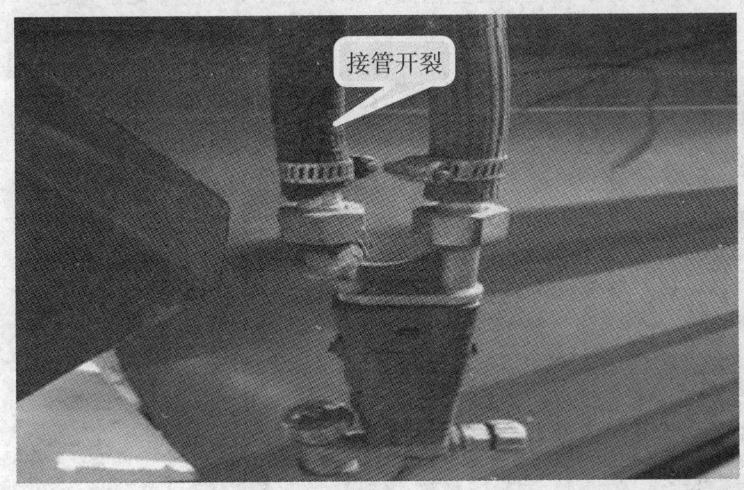

图1–18 乙炔–氧火枪的乙炔接管开裂

- **风险源点** 乙炔–氧火枪手柄开裂，见图1–19。
- **风险分析** 枪管没有受到手柄保护；在损坏手柄的同时，很可能枪管也同时严重受损了，只是暂时没有断开和漏气。
- **风险防范** 维修手柄或者更换火枪。
- **同类风险** ①火枪火嘴变形严重；②火枪其他部位漏气。

图1–19 乙炔–氧火枪手柄开裂

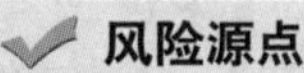

风险源点 动火作业使用的脚手板搭设在脚手架防护栏外侧，见图1-20。

风险分析 脚手板为人员站立的作业面，脚手板不是搭设在脚手架内，而是搭设在脚手架防护栏外侧。一是脚手板中间部位欠缺支撑杆；二是人员失去防护栏保护。

风险防范 将脚手板搭设在脚手架防护栏内侧。

同类风险 ①动火作业前要先检查逃生通道；②设备内动火前要先检查是否已有进设备作业许可证和通风装备的通风效果。

图 1-20 动火作业使用的脚手板搭设在脚手架防护栏外侧

第二节 动火作业现场管理安全风险分析与控制

风险源点 已划出的预制场固定动火区出现罐车装车，见图1–21。

风险分析 如果出现动火作业，易引燃、引爆罐车。

风险防范 动火作业与罐车作业错开时间进行。

同类风险 固定动火区是无可燃物、动火相对安全的区域，但出现以下情况就不安全了：①有罐车经过固定动火区；②固定动火区内有污水井、沟；③固定动火区周围有泄漏；④有外来可燃物。

图 1–21 已划出的预制场固定动火区出现罐车装车

风险源点 超出防火兜范围动火，见图1-22。

风险分析 火花在从高处坠落的过程中，遇可燃物、泄漏点，引发火灾事故。

风险防范 重新设置防火兜，使防火兜能接住高处施工作业产生的火花。

同类风险 ①防火兜有漏洞、在边缘部位不贴合，有空隙；②防火兜使用彩条布等易燃材料；③搭设防火墙有漏洞；④搭设防火墙采用易燃性材料；⑤拆卸作业时有油料淋洒到防火兜、防火墙。

图1-22 超出防火兜范围动火

风险源点 脚手架上的脚手板腐烂，见图1-23。

风险分析 脚手板腐烂遇到施工动火电焊火源，会发生着火。

风险防范 用新竹杆制作脚手板。

同类风险 ①脚手板竹杆破碎、带毛刺，遇到火电焊火源发生火灾；②脚手板上有易燃性杂物，遇到火电焊火源，先引燃杂物，进而引起脚手板燃烧；③在脚手板上洒落有易燃性油污，遇到火电焊火源发生火灾。

图1-23 脚手板腐烂

风险源点 动火点与乙炔瓶之间安全距离不足，见图1-24。

风险分析 乙炔瓶泄漏，引起燃烧和爆炸事故。

风险防范 动火点与乙炔瓶之间的距离保持10m以上。

同类风险 ①将乙炔瓶放入封闭的空间内动火；②将乙炔瓶放入罐区围堰内动火。

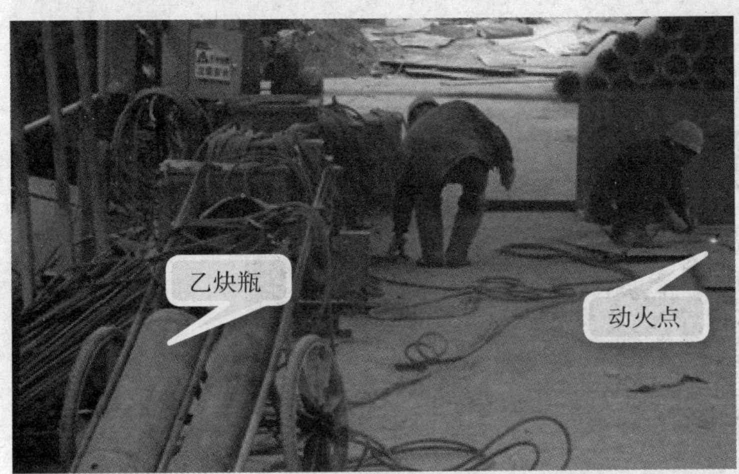

图1-24 动火点与乙炔瓶之间安全距离不足

风险源点 动火点的防火围蔽物被拆除，见图1-25。

风险分析 没有围蔽物遮挡，火电焊火花四溅，引起火灾事故。

风险防范 动火作业未完成，不能擅自拆除、挪用防火围蔽物。

同类风险 ①动火过程没有检查、维护好防火围蔽物；②擅自转移到围蔽物的另一侧动火。

图1-25 动火点围蔽物被拆除

风险源点　将氧气瓶和乙炔瓶搬上装置平台，见图1-26。

风险分析　氧气助燃，乙炔气易燃，出现气瓶漏气时，在装置平台上会出现燃烧爆炸。

风险防范　将氧气瓶和乙炔瓶放在装置外安全位置。

同类风险　将氧气瓶和乙炔瓶搬入罐区围堰内、储罐内。

图 1-26　氧气瓶和乙炔瓶搬上装置平台

风险源点　动火前没有清除动火点易燃物，见图1-27。

风险分析　火电焊火源将引燃易燃物。

风险防范　动火前专门检查、清除开动火点周围的易燃物。

同类风险　动火时，将脚手板竹排、纸箱、油漆桶、油桶、彩条布等易燃性施工材料放置到动火点。

图 1-27　动火前没有清除动火点易燃物

风险源点 动火前没有打开倒淋检测两阀间是否有内漏，关双阀后即动火切割，见图1-28。

风险分析 如果两阀有内漏，就会发生火灾爆炸事故。

风险防范 当两端阀门没有法兰加盲板时，要关闭两端阀门，挂上禁动牌，打开倒淋，从倒淋口引入氮气置换，置换完成半小时后，从倒淋口检测可燃气合格，然后在两阀间管线上动火作业。

同类风险 当两端阀门有法兰加盲板时，关闭两端阀门后，没有打开倒淋，从倒淋口引入氮气置换，没有检测确认可燃气合格，即拆开法兰加盲板，若两阀有内漏，造成拆装人员硫化氢中毒或者发生闪爆事故。

图1-28 动火前没有打开倒淋检测两阀间是否有内漏

风险源点 动火前没有重点检测周围倒淋口，见图1-29。

风险分析 如果倒淋口有内漏，火电焊火花正好落在倒淋口处，引起燃烧。

风险防范 ①动火前专门检测周围倒淋口；②在倒淋口加上管帽、丝堵或者盲盖。

同类风险 ①动火前没有重点检测周围阀门、法兰、机泵、膨胀节，火电焊火花正好落在漏点处，引起燃烧，造成垫片变形，又加剧燃烧；②动火前没有重点检测周围的放空口、安全阀紧急排放口及其他开口。

图1-29 动火前没有重点检测周围倒淋口

风险源点 动火前没有打开低点排空液体，见图1–30。

风险分析 动火切割时，可燃液体流出，烧伤人员。

风险防范 对于比较大的隔离系统，系统内有置换气体，对系统内进行可燃气体检测时，是不能检测出内部同时又有可燃液体的。因此，必须打开低点排空液体。

同类风险 动火前没有打开换热器、储罐容器、反应器、塔设备的低点排空液体。

图 1–30 动火前没有打开低点排空液体

风险源点 使用夹具进行堵漏作业，近处同时动火作业，见图1–31。

风险分析 夹具堵漏作业点发生泄漏，动火作业点同时有火源，将引起燃烧爆炸事故。

风险防范 夹具堵漏作业与动火作业错开时间进行。

同类风险 ①储罐脱水作业，近处同时动火作业；②现场出现泄漏，近处同时动火作业；③现场出现油气放空，近处同时动火作业；④罐车装卸车，近处同时动火作业。

图 1–31 用夹具堵漏作业，近处同时动火

风险源点 跨多装置新系统管线，动火前没有检测管内可燃气体，见图1-32。

风险分析 在其他装置，可能已将新系统管线碰头连接，或者拆除了盲板，或者出现新接口没有加装盲板，导致新系统管线内窜入可燃气体，动火时引起燃烧爆炸事故。

风险防范 动火前检测新系统管线管内可燃气体。

同类风险 ①安装设备管线过程中，擅自拆除盲板；②在系统中擅自接入管线，只关阀门，不装盲板。

图1-32 新系统管线，动火前没有检测管内可燃气体

风险源点 动火点地漏只用石棉布覆盖，不用沙土（图1-33），地漏冒出的可燃气会透过石棉布。另外，石棉布也容易被人为无意中移开，冒出可燃气。

风险分析 遇到动火作业点的火源，引起地漏爆燃。

风险防范 用石棉布加上沙土覆盖地漏。

同类风险 用易燃材料覆盖地漏。

图1-33 动火点地漏只用石棉布覆盖，不用沙土

风险源点 动火点地漏（地下排污口）没有封堵，见图1-34。

风险分析 动火作业时，火源落入地漏（地下排污口），引起爆燃。

风险防范 动火前封堵地漏（地下排污口）。

同类风险 在与地下排污管线相关联的设备、管线上动火，没有在地下排污管线上加盲板隔断。

图1-34 动火点地漏没有封堵

风险源点 在与换热设备管程相连的蒸气线倒淋上动火，错误认为没有可燃物料，见图1-35。

风险分析 换热设备管程为蒸气，壳程为可燃物料，检修时，蒸气已停，但壳程仍有可燃物料，如果换热设备有内漏，壳程的可燃物料窜入管程，在蒸气线倒淋上动火，就可能引起爆燃。

风险防范 加装盲板隔离，工艺处理、置换干净，检测合格，再动火。

同类风险 ①置换完成，立即检测可燃气，没有静候时间，致使有内漏未能反映出来；②检测可燃气与动火作业时间间隔过长，致使检测后又重新漏入可燃气。

图1-35 在与换热设备管程相连的蒸气线倒淋上动火，错误认为没有可燃物料

风险源点 动火现场的动火机具手持电动打磨机在开关处破损，不符合安全要求，见图1–36。

风险分析 由于出现外壳破损，原“开”与“关”的标记已经缺失，导致人员误操作。

风险防范 更换手持电动打磨机。

同类风险 手持电动工具插头开裂，导致插头进水或者人员触电。

图1–36 动火现场的动火机具破损，不符合安全要求

风险源点 用于标识动火切割口位置的标签，张贴位置不正确，导致切割位置不正确，切割口是用于加装阀门的，即加装阀门位置也不正确，见图1–37。

风险分析 两标签之间的位置有一条管线和一道阀门，应在标签1切管加装阀门，却错误地在标签2切管加装阀门,就会改变管线流程。

风险防范 ①先反复确认好切割口位置再贴标签；②立即彻底清除标签2，防止出现误切口和多切口。

同类风险 ①张贴用于标识动火切割口位置的标签，没有经两人以上确认；②错贴或作业完成后的标签，没有及时清除，误导后来作业人员；③张贴标签位置不精确，例如将标签贴在管线分支处，分不清应在分支前还是分支后开切割口。

图1–37 用于标识动火切割口的标签张贴位置不正确

风险源点 正在动火作业的现场，设备、管线倒淋管帽被打开，可能泄漏可燃气体，见图1–38。

风险分析 泄漏可燃气体、液体，遇动火作业火源，引起火灾爆炸事故。

风险防范 ①动火作业前、作业过程都要做现场防火检查；②在动火作业过程中，不能乱动乱拆运行中、或未经工艺处理合格的设备和管线。

同类风险 在动火作业过程中，擅自拆装盲板、阀门，擅自开关阀门。

图1–38 动火现场设备，管线倒淋管帽被打开

风险源点 动火发现倒淋在管帽处泄漏，擅自拆开管帽进行更换或处理泄漏，若倒淋阀内漏较严重，拆开管帽后，会大量喷出物料，见图1–39。

风险分析 大量喷出物料，造成人员中毒或者火灾爆炸事故。

风险防范 ①用扎带堵漏；②上夹具堵漏。

同类风险 用扎带堵漏、上夹具堵漏时，因腐蚀严重，外力过大，造成倒淋根部断裂，引发大漏。

图1–39 倒淋管帽泄漏，擅自拆开管帽进行更换或处理泄漏

风险源点 拆装作业与动火作业同时进行，见图1–40。

风险分析 拆装作业泄漏出可燃气，遇动火作业火源，引起燃烧爆炸事故。

风险防范 拆装作业与动火作业不能同时进行。

同类风险 ①倒空设备管线残油作业与近处动火作业同时进行；②清理储罐、地沟残渣作业与近处动火作业同时进行；③刷油漆作业与近处动火作业同时进行。

图1–40 拆装作业与动火作业同时进行

风险源点 罐外框架动火，罐内没有检测可燃气，储罐已开口，见图1–41。

风险分析 动火作业火源通过开口，落入罐内，罐内有可燃气，引起爆燃事故。

风险防范 先检测罐内可燃气合格，后动火作业。

同类风险 ①虽然罐内可燃气检测合格，但罐内有可燃性液体、固体，火花落入罐内；②在罐外壁、与罐相连的管线外壁焊接，罐内有可燃气，通过传热作用，引爆罐内可燃气。

图1–41 罐外框架动火，罐内没有检测可燃气

风险源点 在动火许可证上填写动火作业的内容和范围不正确，见图1-42。

风险分析 在动火许可证上填写作业内容为“酸碱中和罐更换动火电焊”，可理解为割管线、平台、设备什么都可以，无限制条件。后来在这语句后用钢笔手写补上“割平台、地脚螺丝”，可理解为可以割平台、地脚螺丝两样。实际是只允许割平台的地脚螺丝一样，即地面动火，在“平台”、“地脚”两字中间多了一个“、”号。原因是罐顶已有多个开口，罐内未经可燃气检测。

风险防范 ①在动火许可证上填写清楚切割管线名称，每条管线都要确认安全措施；②填写清楚需要切割平台和涉及罐壁动火，罐内可燃气检测合格；③凡是涉及进入过装置生产流程的物料介质的动火，都要检测合格，酸碱中和罐也是会带有可燃气的。

同类风险 ①在动火许可证上没有填写清楚齐全动火工具、动火设备名称；②在动火许可证上没有填写清楚齐全动火对象；③在动火许可证上标点符号使用不正确，语言表达不清，引起歧义和多义。

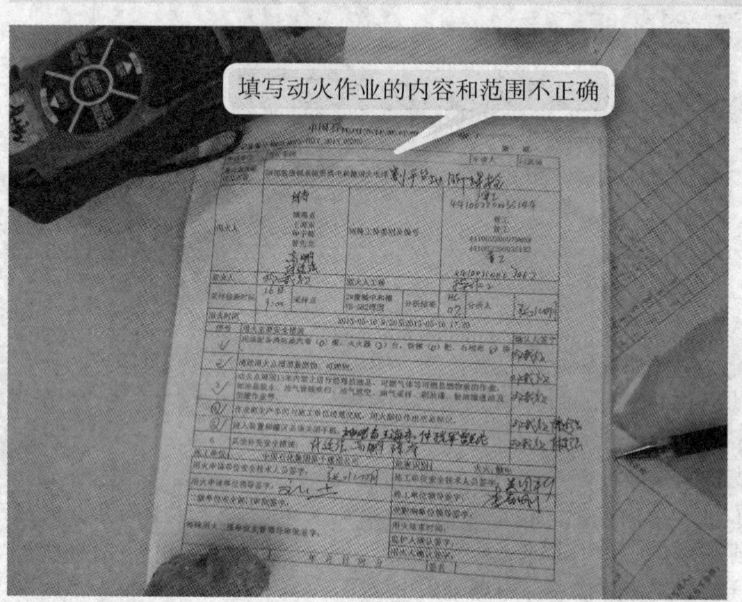

图1-42 在动火许可证上填写动火作业的内容和范围不正确

风险源点 拆下短接，接上新管线前没有先用盲板隔离火炬线，事先没有先将短接和管线进行工艺处理，见图1-43。

风险分析 拆装时，泄漏出气、液可燃性物料，使人硫化氢中毒，或引起爆燃。

风险防范 先排净物料，工艺处理干净，再拆装。

同类风险 ①需要动火拆装，或者介质中含硫化氢，没有先用盲板隔离系统，检测合格；②没有先缓慢、部分拆开螺栓，发现管内仍有明显的气、液可燃性物料，立即恢复，查清原因，重新工艺处理。

图1-43 拆短接接新管前没有先将短接和管线进行工艺处理

风险源点 设备开口，在设备外动火作业，火花进入设备内，见图1-44。

风险分析 火花进入设备内，设备内有气、液、固体可燃物料，引起燃烧爆炸。

风险防范 先封闭设备开口后再动火作业。

同类风险 设备内进入空气，有可燃气，在设备外壁进行焊、割等高温、灼烧作业，传热引起内部爆炸。

图1-44 设备开口，在设备外动火作业

风险源点 动火作业的空间范围交待不清楚，会造成人员进入未经检查确认的危险区域动火，见图1–45。

风险分析 交底时说新安装换热器动火，一般理解是只在装置外新换热器的位置动火，但是实际涉及到延伸至装置内管廊的新换热器的配管动火，而这时管廊下方的污井、地漏是未封闭的，也未检测。

风险防范 交底时说清楚动火的地面空间范围和高处空间范围。

同类风险 ①交底时没有说清楚动火的风险点和安全、应急措施；②没有张贴动火切割点标志。

图1–45 动火作业的空间范围交待不清楚

风险源点 动火作业涉及的管线范围交待不清楚，会造成人员超管线范围动火，见图1–46。

风险分析 在动火许可证上写明是干气密封控制装置配管动火，可理解为包括从公用工程站至干气密封控制装置间接入氮气线的动火，及从干气密封控制装置至压缩机干气密封部位间氮气线的动火。实际只包括前者，即接入氮气线的动火。

风险防范 在动火许可证上写明白是动火新安装哪一条管线，起点、终点写清楚。

同类风险 在动火许可证上没有写明白是否允许管线相连接，通常配新管不发生事故，但新旧管线动火碰头连接，因旧管线未隔离处理干净，未具备条件，却发生事故。

图1–46 动火作业涉及的管线范围交待不清楚

风险源点 动火作业许可证包括许可了非动火作业，增加了不必要的动火风险，见图1–47。

风险分析 在动火许可证上写明是干气密封控制装置配管动火，实际上从干气密封控制装置至压缩机干气密封部位间的氮气线可以预制，现场螺纹连接，现场不用动火。

风险防范 动火作业许可证不能包括从干气密封控制装置至压缩机干气密封部位间的氮气线安装这项作业，应由设备人员开一般作业证施工，特别是由设备人员交底清楚氮气线如何接入干气密封部位。动火作业许可证包括许可作业的范围越小越好，包括许可作业的内容越少越好。

同类风险 动火作业许可证将要设备人员详细交底才能施工的非动火作业包括在许可范围内。

图1–47 动火作业许可证包括许可了非动火作业

风险源点 挂编号牌盲板与不挂编号牌盲板相混杂，现场加装盲板、检查确认盲板，容易造成错漏，见图1–48。

风险分析 现场加装盲板、检查确认盲板，出现错漏，造成隔离不彻底，动火作业引起爆炸、燃烧，或者进入设备内作业，引起人员中毒、窒息。

风险防范 全部盲板都纳入方案中的盲板图和盲板表，全部盲板都编号挂牌。

同类风险 盲板只挂牌不编号；当用管线断开办法替代加装盲板办法时，管线只是断开，没有在断口处错位，仍然是口对口。

图1–48 挂编号牌盲板与不挂编号牌盲板相混杂

风险源点 在高处动火点底下放置有乙炔气瓶，见图1–49。
风险分析 有火电焊火花洒落到气瓶上，遇到气瓶漏气，引起燃烧爆炸事故。
风险防范 将乙炔气瓶放置在不靠近动火点、没有火电焊火花洒落到的位置。
同类风险 在动火点周围有人员在进行刷油漆作业。

图1–49 高处动火点底下有乙炔气瓶

风险源点 动火人员要站的临边高处脚手板没有固定，见图1–50。
风险分析 动火人员站在没有固定的脚手板上，从高处坠落。
风险防范 动火前注意检查、固定脚手板。
同类风险 ①动火前没有检查脚手架是否牢固、安全；②动火前没有检查高处动火是否有供人站立的作业面；③动火前没有检查脚手架是否挂有验收合格牌。

图1–50 动火前未注意检查临边高处脚手板没有固定

风险源点 动火监护人远离动火现场，见图1–51。

风险分析 动火监护人不在动火点监护，不能检查、观察、发现动火作业过程中出现的安全问题。

风险防范 动火监护人在动火点监护。

同类风险 ①动火监护人中途离开现场，没有停止动火；②动火监护人交接班，不在现场，接班人未到位即离开；③动火监护人交接班，没有交接清楚监护存在问题及注意事项。

图1–51 动火监护人远离动火现场

风险源点 早上动火监护人未到动火现场，人员已经动火作业，见图1–52。

风险分析 因没有动火监护人检查现场安全作业条件，容易造成火灾事故。

风险防范 动火监护人到达动火现场，批准动火后，作业人员才能动火作业。

同类风险 ①没有动火许可证，人员已经动火作业；②没有经现场交底，人员已经动火作业；③没有经现场安全讲话，人员已经动火作业；④动火监护人要求停止作业，作业人员没有听从。

图1–52 早上动火监护人未到动火现场，人员已经动火作业

第二章

受限空间作业安全风险分析与控制

受限空间作业的每一个细节，稍有不慎，都能引起人员伤亡和火灾、爆炸事故。下面从受限空间作业装备和受限空间作业现场管理两个方面，说明受限空间作业安全风险分析与控制方法。

第一节 受限空间作业装备设施安全风险分析与控制

风险源点 受限空间作业没有出入口平台，见图2-1。

风险分析 ①人员从出入口进出，会跌伤、扭伤腰；②遇紧急情况，不能顺利地进入和撤出。

风险防范 在出入口处设置平台。

同类风险 ①在出入口处有脚手架管等障碍物；②设备内高处作业没有作业平台、脚手板。

图2-1 受限空间作业没有出入口平台

风险源点 进入井内作业，潜水泵没有提拉绳，见图2-2。

风险分析 潜水泵没有专设提拉绳，只能用电源线提拉，会造成电源线接头松动、进水、漏电和人员触电。

风险防范 在潜水泵栓上提拉绳。

同类风险 ①潜水泵电源没有“一机一闸一保护”；②潜水泵电源保护没有设定15mA、0.1s起跳。

图2-2 进入井内作业，潜水泵没有提拉绳

风险源点 通工业风进设备内冷却后，没有重新检测罐内气体再进人，见图2-3。

风险分析 ①如果通入的工业风已受到污染；②错误地接入氮气线、氧气线，都会造成人员伤亡。

风险防范 通工业风进设备内冷却后，先重新检测罐内气体合格，后再进人。

同类风险 向设备内供风前，没有检查确认好供风的质量、种类、流量和安全性。

图2-3 通工业风进设备内冷却后，没有重新检测罐内气体再进人

风险源点 给人员供风式防毒面具供风的风罐开关容易误关闭，见图2–4。

风险分析 ①风罐开关设在通道处，人员误碰开关，造成误关闭；②人员不清楚打开开关的重要性，随手关闭了开关。都会造成人员窒息或者中毒。

风险防范 ①将风罐开关设在人员不容易误碰关闭的位置；②打开开关后，在开关处挂禁动牌。

同类风险 ①风罐开关没有人员监护；②风罐没有人员监护，用完风没有及时发现；③风罐没有压力表，或压力表显示不正确；④没有确认好人员已经全部撤出设备外，关闭风罐开关；⑤风管受压或受折，通风不畅；⑥罐内、罐外人员缺乏联络办法，面罩无风罐外人员不清楚。

图2–4 给人员供风式防毒面具供风的风罐开关容易误关闭

风险源点 进入球罐内作业，罐顶装抽风机接错线，造成风叶反转，罐底吸入风量不足，见图2–5。

风险分析 如果风叶反转，就会造成罐顶抽出风量少，罐底吸入风量不足，即罐上、下对流风减弱，造成进入设备内作业人员窒息、中毒、闷热中暑。

风险防范 重新接线，防止风叶反转。

同类风险 采用抽风机功率过小，造成抽风量不足。

图2–5 进入球罐内作业，罐顶装抽风机接错线造成风叶反转

风险源点 罐顶有开口，罐顶抽风机所抽出的风，实际是从罐顶开口刚进入的风，而不是从罐底进入的风，造成罐上、下对流风减弱，见图2-6。

风险分析 罐上、下对流风减弱，造成进入设备内作业人员窒息、中毒、闷热中暑。

风险防范 封闭罐顶开口，防止罐顶抽风机抽风走短路。

同类风险 风机与法兰面间的接合部位有空洞、缝隙，大量进风，造成抽风机抽风短路。

图2-6 罐顶有开口，造成罐顶抽风机抽风短路

风险源点 受限空间作业，收工后设备留有开口，下雨雨水将进入设备内，见图2-7。

风险分析 部分设备内作业，如装卸催化剂作业，不允许设备内进水。

风险防范 收工时，封闭开口，采取防止进水措施。

同类风险 ①遇大风大雨天气，影响到用电安全，没有停止进设备内作业；②雨后没有电工人员检查进设备内作业的供配电设备、线路的安全性。

图2-7 受限空间作业，收工后设备留有开口进入雨水

风险源点 拆开球罐顶部安全阀短接，没有临时支撑，致使连接管远端接口焊缝受到过大应力，见图2-8。

风险分析 连接管接口焊缝受到过大应力，受风吹反复摆动更是如此，致使球罐产生裂纹，而在运行中从接口焊缝处泄漏易燃易爆的轻烃物料。

风险防范 进入设备作业，给拆开的球罐顶部安全阀短接设置临时支撑。

同类风险 内有硫化亚铁的设备，拆开口后会进入空气，没有同时采取进水、充氮措施，防止硫化亚铁自燃。

图2-8 拆开球罐顶部安全阀短接，没有设置临时支撑

风险源点 进入球罐设备内作业，采样线没有加装盲板，见图2-9。

风险分析 有毒有害、易燃气体通过有内漏的阀门，进入球罐内，造成人员中毒，或者在球罐内爆燃。

风险防范 在采样线上加装盲板，或者断开采样线。不能采用关阀、开倒淋、挂禁动牌办法隔绝。

同类风险 ①不认真检查，漏拆漏装盲板；②盲板不加垫片；③盲板螺栓不上齐、不拧紧。

图2-9 进入球罐设备内作业，采样线没有加装盲板

风险源点 竹杆腐烂残破，有开裂的细枝末梢，放入球罐内搭架，见图2-10。

风险分析 在球罐内动火作业，会点燃竹杆，在球罐内有抽风的情况下，引起球罐内发生火灾。

风险防范 选择新的、完好的竹杆，放入球罐内搭架。

同类风险 ①竹杆带有油料，放入设备内搭架；②在设备内，刷油漆作业与动火作业同时进行；③将易燃物放入设备内，然后动火作业；④将配电箱、气瓶放入设备内作业。

图2-10 竹杆腐烂残破，放入球罐内搭架

第二节 受限空间作业现场管理安全风险分析与控制

风险源点 受限空间作业，设备外监护人员离开岗位，见图2-11。

风险分析 设备内作业人员出现危险状况，将不能实施救护。

风险防范 受限空间作业，监护人员不能擅自离开岗位。

同类风险 ①由于设备外没有监护人员，不能有效防止出现设备外同时动火作业、设备内上下交叉作业，不能很好实施高温天气下的轮换作业和危险、特殊情况下人员的紧急撤离；②监护人员不是在现场交接班，而是离开监护现场交接班。

图 2-11 受限空间作业，设备外没有监护人员

- **风险源点** 用竹排在设备内搭架容易燃烧发生火灾，见图2-12。
- **风险分析** 竹排是易燃，用在设备内搭架，遇电焊火源，在设备内发生火灾。
- **风险防范** ①用新的、不开裂、不带毛刺的竹排；②备好消防水源。
- **同类风险** ①设备内不仅有竹排还有油污；②设备内不仅有竹排还有纸品等易燃物。

图2-12 用竹排在设备内搭架容易燃烧发生火灾

- **风险源点** 人员进出设备登记表，只由同一人签字完成，见图2-13。
- **风险分析** 不能准确反映人员进出情况，导致设备内人员未出齐全，登记表上却记录人员全部出齐，遗漏人员在设备内。
- **风险防范** 进入设备、从设备内出来，都由本人在登记表上签名。
- **同类风险** 有人员进入设备，或者从设备内出来，没有及时在登记表上签名。

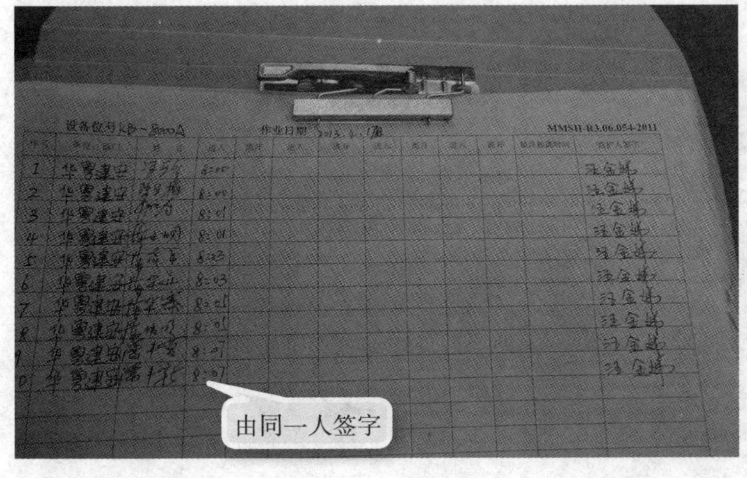

图2-13 人员进出设备登记表，只由同一人签字完成

风险源点 新设备已进行气密试验，未经检测进入新设备内作业，见图2-14。

风险分析 如果错误引入气体，或者采用不安全气体气密试验，没有检测，将造成人员中毒、窒息。

风险防范 新设备也要先检测合格，后进入作业。

同类风险 ①新设备已进行刷漆作业，未经检测进入新设备内作业；②新设备已放入过乙炔枪，或者进行了气焊、气割作业，未经检测进入新设备内作业。

图 2-14 新设备已进行气密试验，未经检测进入新设备内作业

风险源点 受限空间作业，守护供风压缩机人员离开岗位，见图2-15。

风险分析 如果压缩机停运，无法给人员佩戴的面罩供风，造成人员中毒、窒息。

风险防范 守护供风压缩机人员，离开岗位要有人接班。

同类风险 守护供风压缩机人员，不是在现场交接班，而是离开岗位现场交接班。

图 2-15 受限空间作业，守护供风压缩机人员离开岗位

- **风险源点** 受限空间作业，设备内生产时的温度未完全下降，温度过高，见图2–16。
- **风险分析** 人员受到灼烫，或者高温中暑。
- **风险防范** 采取强制通风措施，将设备内温度降至常温，然后进人作业。
- **同类风险** 在作业过程中，没有检查、监控设备内温度。例如，有条件没有通过中控室人员监控设备内温度。

图 2–16 受限空间作业，设备内温度过高

- **风险源点** 早上监护人员未到现场实施监护工作，作业人员进入设备内作业，见图2–17。
- **风险分析** 没有监护人员，容易造成人身伤亡事故。
- **风险防范** 监护人员到达现场，确认安全条件，然后作业。
- **同类风险** 早上设备内未经检测合格，作业人员进入设备内作业。

图 2–17 早上监护人员未到现场，进入设备内作业

风险源点 大风大雨即将到来，受限空间作业在高处有遗留物，见图2–18。

风险分析 高处遗留物被大风吹落，损坏设备。

风险防范 大风大雨到来前，清除高处施工遗留物。

同类风险 进入设备作业，遇大风雨，在高处有容器桶、设备内件、脚手架管和竹排、材料、工具没有清除。

图2–18 大风大雨前，受限空间作业在高处有遗留物

风险源点 设备人孔开口，无人进入作业，没有挂禁止入内警示牌，见图2–19。

风险分析 在没有监护人，或者设备内未经检测合格、存在危险因素的情况下，人员误进入设备内，造成人员窒息、中毒。

风险防范 在开口处挂“危险，禁止入内”的警示牌。

同类风险 ①警示牌没有挂牢固，被风吹落丢失；②在设备不同方位有多个开口，只在其中1个开口挂“危险，禁止入内”的警示牌。

图2–19 设备人孔开口，无人进入作业没有挂禁止入内警示牌

第三章

高处作业安全风险分析与控制

高处作业，容易发生人员从高处坠落的事故，或者发生高空坠物，砸损人员和设备的事故。下面说明高处作业安全风险分析与控制方法。

第一节 高处作业装备设施安全风险分析与控制

风险源点 脚手架作业面的脚手板端部没有脚手架管支承，见图3-1。

风险分析 脚手板端部没有脚手架管支承，人员踩踏，高处坠落。

风险防范 脚手板两个端部、中间共设置3条脚手架管支承。

同类风险 ①脚手板只在两个端部设置有脚手架管支承，中间部位欠缺脚手架管支承；②支承脚手板用脚手架管不是用扣件固定，而是用绑扎固定，或者只是摆放，没有固定；③脚手板腐烂、开裂。

图3-1 脚手架作业面的脚手板端部没有脚手架管支承

风险源点 脚手架作业面的脚手板没有铺满整个作业面，见图3-2。

风险分析 人员踩空，从作业面高处坠落。

风险防范 用脚手板铺满整个作业面。

同类风险 ①脚手板没有绑扎固定；②脚手板临时拆开没有及时复位；③脚手板上有钢丝头、钉头扎脚；④脚手板铺设杂乱无章，不平整，横竖不规则；⑤作业面放置有多余的脚手板。

图3-2 脚手架作业面的脚手板没有铺满整个作业面

风险源点 图3-3中脚手架爬梯，梯级间距将近1m，间距过大。

风险分析 间距过大，人员在上下爬梯的过程中，容易从高处坠落。

风险防范 脚手架爬梯梯级间距设置为400mm左右。

同类风险 ①爬梯设置在现场有障碍物阻挡的位置；②爬梯设置在对人员安全有威胁的位置；③爬梯梯级的固定扣件有裂纹；④爬梯梯级的固定不是采用扣件固定方式，而是采用绑扎固定方式。

图3-3 脚手架爬梯梯级间距过大

风险源点 脚手架紧固扣件有裂纹，造成扣件强度不足，见图3-4。

风险分析 承重后，扣件断裂，人员、重物从高处坠落。

风险防范 ①更换脚手架紧固扣件；②搭设脚手架前，检查脚手架扣件；③损坏的扣件，清出现场。

同类风险 ①扣件欠缺垫片；②扣件螺栓、螺母滑扣；③扣件严重腐蚀；④扣件变形；⑤扣件缺合格证。

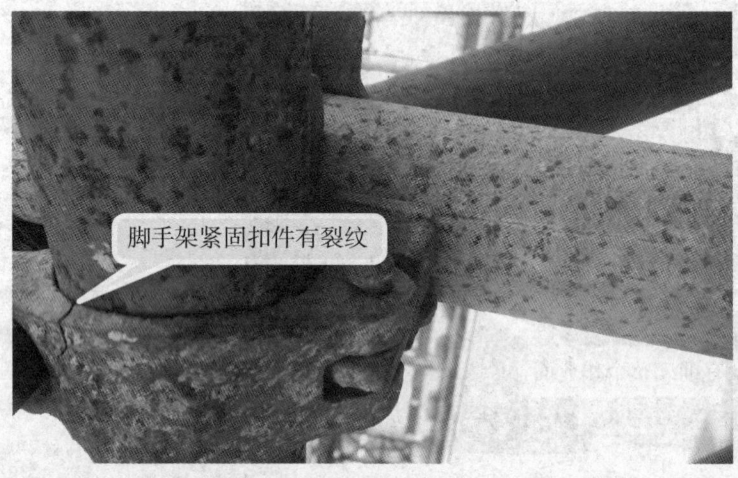

图3-4 脚手架紧固扣件有裂纹

风险源点 图3-5脚手架钢管采用绑扎方式连接，连接点强度不足，并且会造成脚手架整体摇晃。

风险分析 连接点强度不足，整体摇晃，导致脚手架坍塌，人员从高处坠落。

风险防范 全部用扣件连接：①脚手架钢管接长用对接扣件；②脚手架钢管斜交用旋转扣件；③脚手架钢管并接，用旋转扣件；④脚手架钢管垂直相交用直角扣件。

同类风险 ①扣件连接没有上螺母；②扣件连接没有上满丝扣；③损坏的丝扣用绑扎办法加固。

图3-5 脚手架钢管采用绑扎方式连接

风险源点 脚手架钢管没有完全穿过扣件，造成脚手架钢管脱扣，见图3–6。

风险分析 脚手架钢管脱扣，导致人员从高处坠落。

风险防范 脚手架钢管完全穿过扣件，伸出50mm左右。

同类风险 脚手架钢管与脚手架扣件规格不配套。

图3–6 脚手架钢管没有完全穿过扣件

风险源点 脚手架钢管变形，强度不足，见图3–7。

风险分析 脚手架钢管变形，强度不足，人员从高处坠落。

风险防范 ①采用没有变形的脚手架钢管；②搭设脚手架前，检查脚手架钢管。

同类风险 ①脚手架钢管严重腐蚀；②脚手架钢管穿孔、开裂；③脚手架钢管弯曲；④脚手架钢管沾有油污打滑；⑤同一脚手架，采用脚手架钢管规格、大小不同；⑥不是采用专用脚手架钢管，而是采用其他薄壁钢管代替脚手架钢管。

图3–7 脚手架钢管变形

风险源点 脚手架作业面欠缺防护栏，见图3-8。

风险分析 脚手架作业面欠缺防护栏，人员失去保护作用，从作业面高处坠落。

风险防范 加装上、下两道防护栏，总高度1.2m，上、下两道防护栏间距0.6m。

同类风险 ①作业过程中擅自拆除防护栏；②只加一道防护栏；③防护栏高度不足；④防护栏不牢固。

图3-8 脚手架作业面欠缺防护栏

风险源点 脚手架欠缺横向斜撑，脚手架整体稳定性差，受重力作用，出现明显摇摆，见图3-9。

风险分析 脚手架整体稳定性差，出现明显摇摆，人员从高处坠落，或者脚手架坍塌。

风险防范 ①每隔6跨，设置一道横向斜撑；②脚手架两端，各设一道横向斜撑。

同类风险 ①没有每隔6跨设置一道抛撑，脚手架两端，没有各设一道抛撑；②24m高以下的脚手架，没有每隔15m设置一道剪刀撑，脚手架两端，没有各设一道剪刀撑；③24m高以上的脚手架，没有从左至右、从上至下、整个立面都布满剪刀撑。

图3-9 脚手架欠缺横向斜撑

风险源点 脚手架底座用轮子、加垫支承面过小且水平度不足，造成不稳固，见图3–10。

风险分析 底座用轮子、加垫支承面过小且水平度不足，造成不稳固，导致脚手架倾翻，人员从高处坠落。

风险防范 ①底座不能用轮子；②加垫支承面面积足够大，稳妥支承；③脚手架整体水平，不能倾斜。

同类风险 ①脚手架支承在松软土层，底座没有加垫；②脚手架底部地面出现下沉，仍然继续使用；③将脚手架支承在临边的位置；④脚手架底部其中一个或多个支撑立杆架空，不接触地面。

图3–10 脚手架底座不稳固

风险源点 脚手架没有作业面，作业时人员没有站立的位置，见图3–11。

风险分析 没有作业面，作业时人员没有站立的位置，只能悬空作业，人员从高处坠落。

风险防范 ①用专用脚手板铺设作业面，加好防护栏杆；②没有作业面的脚手架，不能验收合格，不能挂合格牌。

同类风险 直爬梯高度大于8m，没有每隔6m高度设置休息平台。

图3–11 脚手架没有作业面

风险源点 图3-12中脚手架作业面没有挡脚板，作业面工件坠落地面；作业人员双脚误伸出作业面外踩空。

风险分析 ①作业面工件坠落地面，砸伤地面人员；②双脚踩空造成人员伤亡。

风险防范 在作业面设置挡脚板。

同类风险 ①挡脚板没有绑扎牢固，从高处坠落；②没有各向都设置挡脚板。

图3-12 脚手架作业面没有挡脚板

风险源点 脚手架钢管占用道路上方空间，易受到车辆碰撞，见图3-13。

风险分析 降低了管廊下的净空高度。①罐车通过，脚手架钢管碰撞损坏储罐，造成人身伤亡事故；②消防车无法通过。

风险防范 ①跨道路的管廊，在其下方，不能设置脚手架钢管，确保路面以上净空高度大于5m；②在路面上方净空高度5m以上设置的脚手架钢管，要有明显标识，便于警醒司机。

同类风险 ①脚手架占用道路两侧，或者全部占用道路；②脚手架占用或者堵塞装置平台、塔、罐及其他设备的斜梯口、直梯口；③脚手架占用或者堵塞应急逃生通道。

图3-13 脚手架钢管占用道路上方空间

风险源点 在高处临边设置活动脚手架，见图3–14。

风险分析 由于活动脚手架不稳定和不安全性，人员从高处坠下深渊。

风险防范 设置为固定脚手架；在平台较中心位置设置活动脚手架，避免在平台边缘位置设置。

同类风险 活动脚手架：①作业面以上没有防护栏；②架子没有与现场的固定设施捆绑相连接，只是一个孤立体；③架子叠加二层、三层使用；④立柱底部为轮子，轮子没有上锁扣，轮子可走动。

图3–14 在高处临边设置活动脚手架

风险源点 脚手架底层步距过大，大于3m，见图3–15。

风险分析 脚手架底层步距过大，造成其整体结构不稳定。

风险防范 脚手架底层步距不大于2m。

同类风险 ①脚手架底层以上步距过大，大于1.8m；②脚手架跨距过大，大于2m；③两两相正对的内立杆与外立杆，间距没有控制在1.3～1.5m范围；④在脚手架底部位置，没有设置纵向扫地杆和横向扫地杆。

图3–15 脚手架底层步距过大

风险源点 脚手架的脚手板用于"搭桥"，中间没有支承杆，立杆悬空，脚手板铺设有空洞，见图3-16。

风险分析 人员走过"搭桥"通道，从高处坠落。

风险防范 要在正式的脚手架上铺设脚手板。

同类风险 造成脚手板不稳固的各种情况：①在装置平台栏杆上铺设脚手板；②在管线上铺设脚手板；③在框架横梁上铺设脚手板；④利用平台边缘搭设脚手板；⑤利用设备表面上支承脚手板。

图3-16 脚手架的脚手板用于"搭桥"

风险源点 脚手架的脚手板随便放置供作业人员站立，没有固定，见图3-17。

风险分析 作业人员站立，从高处坠落。

风险防范 搭设正式脚手架。

同类风险 ①机泵检修，在机泵本体上随便搭放1块竹排，人员站立作业；②由于设备拆装、就位需要，临时拆开的脚手板，复位后没有绑扎固定即投用；③错误认为人员低位坠落，不会造成伤亡。

图3-17 脚手架的脚手板随便放置供作业人员站立

风险源点 脚手架与现场固定立柱之间没有连接杆，导致脚手架成为孤立体，见图3-18。

风险分析 脚手架与现场固定立柱之间没有连接杆，脚手架成为孤立体，人员上架，整体倾翻。

风险防范 在脚手架与现场固定立柱之间设置连接杆。

同类风险 ①没有做到搭设增高脚手架时，同步增设连接杆；②拆脚手架先拆掉连接杆，后拆其他脚手架钢管；③没有做到高度小于50m脚手架，每3步、3跨设置1道连接杆；④没有做到高度大于50m脚手架，每2步、3跨设置1道连接杆；⑤没有做到从底层第1步纵向水平杆开始，设置连接杆。

图3-18 脚手架与现场固定立柱之间没有连接杆

风险源点 脚手板挤压仪表小管线，见图3-19。

风险分析 脚手板挤压仪表小管线，人员站在脚手板上产生位移，仪表小管接头断裂，调节阀动作。

风险防范 ①脚手板不能挤压仪表小管，应避开仪表小管搭设脚手架和铺设脚手板；②搭设脚手架过程中和投用脚手架前，对脚手架进行检查。

同类风险 ①脚手架钢管挤压小管线、电源和信号套管；②脚手架钢管、脚手板挤压压力表；③脚手架钢管、脚手板挤压机组风管、引压管、油管路；④脚手架钢管、脚手板靠近设备转动部位。

图3-19 脚手板挤压仪表小管线

风险源点 吊脚脚手架欠缺底下斜撑，见图3–20。

风险分析 欠缺斜撑，吊脚脚手架不稳定，甚至整体坠落。

风险防范 增设斜撑。

同类风险 ①吊脚脚手架欠缺向上拉杆；②吊脚脚手架欠缺与现场固定梁、柱之间的连接杆。

图3–20 吊脚脚手架欠缺底下斜撑

风险源点 单排脚手架不稳定，见图3–21。

风险分析 人员爬上脚手架，脚手架摇晃严重。

风险防范 在图中冷凝器设备的后面，增加安装两条脚手架立杆，增加的双立杆再分别与前面现有的单排脚手架连接，即双排架设置。在厂内，没有特殊情况，不允设置单排脚手架。

同类风险 ①脚手架欠缺设置扫地杆，不稳定；②脚手架欠缺设置连墙件（连接件），不稳定；③脚手架没有在每个主节点安装小横杆，不稳定。

图3–21 单排脚手架不稳定

- **风险源点** 在脚手架作业面的脚手板上铺设镀锌板，作业人员打滑，见图3-22。
- **风险分析** 作业人员打滑，从高处坠落。
- **风险防范** 清除铺设的镀锌板、铝皮。
- **同类风险** ①在脚手板上放置有保温铝皮，易滑；②脚手板上有油污、润滑油，易滑。

图3-22 在脚手架作业面的脚手板上铺设镀锌板

- **风险源点** 脚手架作业面欠缺防护栏仍然验收合格，人员上架作业，见图3-23。
- **风险分析** 实际上脚手架不合格，人员从高处坠落。
- **风险防范** 验收合格的脚手架，挂合格牌，投用；验收不合格的脚手架，整改后再挂合格牌，投用。
- **同类风险** ①未搭设完成的脚手架，人员上架作业；②搭设完成但未验收的脚手架，人员上架作业；③搭设完成验收不合格的脚手架，人员上架作业；④从其他脚手架上摘下合格牌挂上，即投用脚手架。

图3-23 脚手架作业面欠缺防护栏仍然验收合格

风险源点 施工进展到一定时期，经常需要临时增加脚手架，往往有其中一面没有防护栏，见图3–24。

风险分析 脚手架欠缺防护栏，人员从高处坠落，造成伤亡。

风险防范 ①临时增加脚手架，如同工程施工前集中搭的脚手架一样严格管理；②增补防护栏。

同类风险 ①临时增加脚手架，没有经验收合格投用；②原已有脚手架，但某些位置没有脚手板，或临时搭放了脚手板，却没有绑扎固定；③在钢管、设备、框架上随便搭放脚手板，人员踩踏上去作业。

图3–24 临时增加的脚手架作业面欠缺防护栏

风险源点 脚手架从上向下拆去半截，未经验收再投用，见图3–25。

风险分析 余下部分可能已不具安全性，未经验收再投用，脚手架会倒塌，或者人员从高处坠落。

风险防范 ①重新检查余下的作业面护栏、脚手板是否被拆除；②重新检查脚手架的整体稳定性。

同类风险 ①在用脚手架被拆除支撑件、连墙件、紧固件；②在用脚手架被拆去半边，未经验收再投用。

图3–25 脚手架从上向下拆去半截，余下部分未验收再投用

风险源点 平台孔洞封闭不严密，仍然出现大洞，见图3-26。

风险分析 ①人员踩空，足部、腿部受伤；②从孔洞处落物，人员伤亡。

风险防范 ①用密封钢板封闭；②封闭为如同平台格栅板一般大小的孔洞。

同类风险 ①孔洞没有封闭；②封闭材料强度不足；③封闭用板材面积尺寸小，板材边缘只能铺设至洞口边缘；④孔洞封闭用材料没有固定好，虚放；⑤只用警示牌、警戒线软隔离，不用板材硬隔离。

图3-26 平台孔洞封闭不严密

风险源点 梯子顶部带弯钩，用弯钩作为梯子与设备间的支承点，人员上梯后，梯子易滑动，见图3-27。

风险分析 人员上梯后，梯子滑动，人员从高处坠落。

风险防范 ①改用竹、木梯子；②改用人字梯子；③改用脚手架。

同类风险 ①梯子底部支撑不平整、不牢固、临边；②梯子底部支撑点易打滑；③梯子从下至上的步级易打滑；④梯子从下至上的步级有缺档；⑤梯子使用设置过于垂直。

图3-27 梯子顶部打滑

风险源点 人字梯铰链断开，梯子不稳，见图3-28。

风险分析 人字梯铰链断开，人员站在梯子上，梯子将移动，人员跌落。

风险防范 维修、更换梯子。

同类风险 ①人字梯顶部合页损坏；②人字梯支撑腿严重变形；③人字梯步级损坏。

图3-28 人字梯铰链断开

风险源点 移动作业平台底部车轮制动装置失效,人员在平台上作业，平台产生移动，见图3-29。

风险分析 在平台上作业，平台产生移动，人员站立不稳，从高处坠落。

风险防范 ①停用移动作业平台；②维修更换车轮。

同类风险 移动作业平台上缺少防护栏，或者防护栏高度不足。

图3-29 移动作业平台底部车轮制动装置失效

风险源点 安全带被烧去三分之二截面，仅残存三分之一截面，强度大大降低，见图3–30。

风险分析 安全带被烧去三分之二截面，将不能承受人员从高处坠落的冲击力，对人员失去保护作用。

风险防范 ①更换安全带；②不乱放安全带，防止被焊枪烧损，或者被刚焊割完的工件灼烫损坏；③使用前检查安全带。

同类风险 ①安全带绳扣损坏；②安全带金属扣、环损坏；③安全带挂钩损坏；④没有使用专用安全带，用一般绳索代替安全带；⑤安全带没有生产许可证、合格证和安全认证。

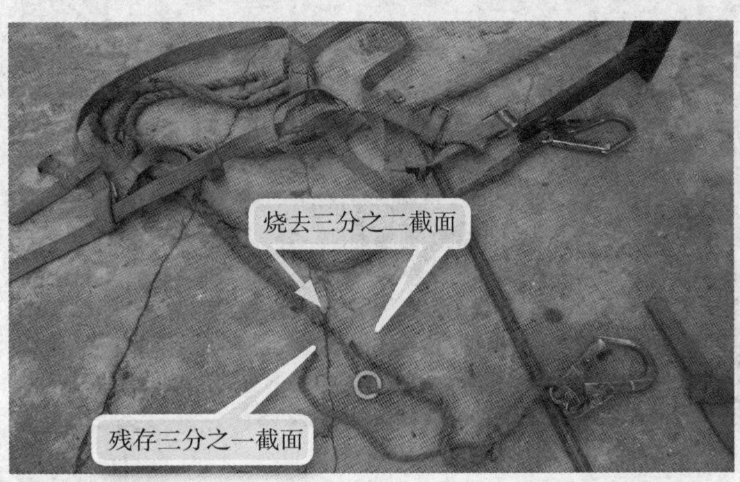

图 3–30 安全带被烧去大部分截面

风险源点 新安装的装置框架平台斜梯没有及时设置防护栏，见图3–31。

风险分析 新安装的装置框架平台斜梯没有及时设置防护栏，施工人员从高处坠落伤亡。

风险防范 ①安装斜梯与安装防护栏同步；②在地面将斜梯与防护栏焊接完成后再整体吊装就位。

同类风险 ①在装置框架、平台、设备上新安装的直梯，没有同步安装防护笼；②新就位的梯子，没有及时焊接固定完成；③新安装的梯子，步级没有焊接、安装固定。

图 3–31 新安装的装置框架平台斜梯没有及时设置防护栏

风险源点 高空框架上的手动阀门没有作业平台，作业人员没有站立位置，见图3–32。

风险分析 作业人员没有供站立的平台，只能站在横梁、管线上或者悬空作业，易从高处坠落伤亡。

风险防范 设置固定作业平台，或者用脚手架搭设作业平台，便于人员操作、更换阀门。

同类风险 没有作业平台，人员站在框架、管廊、平台的梁柱上，或者站在管线上拆装、焊接作业。

图3–32 高空框架上的手动阀门没有作业平台

风险源点 新安装高空框架平台没有防护栏，见图3–33。

风险分析 ①新安装高空框架平台没有防护栏，人员从高空框架临边处坠落伤亡；②未设置挡脚板，从临边处高空落物。

风险防范 铺设平台，同时安装平台防护栏和挡脚板。

同类风险 已经安装好炉、塔、罐等静设备或者机组动设备平台，没有同时安装平台防护栏和挡脚板。

图3–33 新安装高空框架平台没有防护栏

风险源点 装置高空框架平台上的孔洞用石棉布覆盖，经过伪装，等同陷阱，人员误踩空，见图3–34。

风险分析 孔洞用石棉布覆盖，经过伪装，等同陷阱，人员误踩空，从高处坠落伤亡。

风险防范 揭开石棉布，用钢板或格栅板固定覆盖。

同类风险 ①在平台边缘安装防护栏，防护栏已经就位，但未焊接固定；②在平台上铺设钢板，钢板已经就位，但未焊接固定，只是虚放。

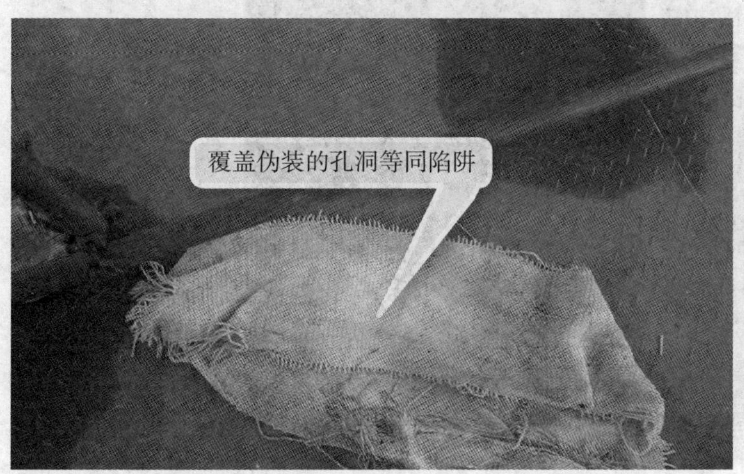

图3–34 装置高空框架平台上的孔洞用石棉布覆盖等同陷阱

风险源点 塔顶高空用于向上传送工件的临时滑轮，连续频繁往复使用几天，出现松动，见图3–35。

风险分析 临时用滑轮，出现松动，造成工件从高空坠落。

风险防范 施工人员经常上塔顶检查：①支撑杆与塔顶平台连接的牢固性；②滑轮与支撑杆连接的牢固性；③捆绑钢丝、连接件是否磨损或者松动；④吊钩与吊绳连接是否牢固；⑤吊钩是否变形和磨损。

同类风险 通过滑轮向高处传送工件，吊具没有将工件钩牢固，在传送过程中工件从半空坠落。

图3–35 塔顶高空用于传送工件的临时滑轮安装出现松动

✔ **风险源点** 新安装塔平台上的直梯口，没有及时安装防止人员坠落的防护链，见图3-36。

✔ **风险分析** 没有及时安装防止人员坠落的防护链，人员从高处直梯口坠落伤亡。

✔ **风险防范** 安装直梯时，在直梯口同步安装防护链，同时将防护链栓挂在直梯口。

✔ **同类风险** ①人员在上下直梯过程中，摘下防护链，没有恢复；②防护链缺失，没有及时补上。

图3-36 新安装塔平台上的直梯口没有及时安装防坠落防护链

第二节 高处作业人员行为安全风险分析与控制

风险源点 搭设脚手架现场没有设置警戒线，见图3–37。

风险分析 没有设置警戒线，人员进入搭设脚手架区域，高空坠物造成人员伤亡。

风险防范 高处搭设脚手架，在对应下方地面设置警戒线。

同类风险 ①拆除脚手架现场没有设置警戒线；②在路面上空拆、搭脚手架，没有人员监护路面行人和车辆通行情况；③设置警戒线范围过小，或者只在地面设置警戒线，不在高处平台设置警戒线。

图3–37 搭设脚手架现场没有设置警戒线

风险源点 人员上下脚手架没有挂安全带，见图3–38。

风险分析 上下脚手架没有挂安全带，人员从高处坠落伤亡。

风险防范 采用双钩安全带，在上下脚手架过程中，人员双钩轮换，将安全带挂在脚手架钢管上。

同类风险 人员在管廊上空或者在框架横梁上，转移位置时双钩同时摘下，没有做到轮钩系挂。

图3–38 人员上下脚手架没有挂安全带

风险源点 人员在高处，安全带挂钩点却在低处，见图3–39。

风险分析 人员在高处，安全带挂钩点在低处，人员意外坠落，坠落高度越大，承受冲击力越大。

风险防范 安全带挂钩点在腰部以上，即常说的高挂低用。

同类风险 ①将安全带的挂钩点选在细小的钢管、结构件上，人员意外坠落，拉断钢管、结构件；②在安全带的挂钩点，挂钩没有钩牢现场固定物；③人员随意摘除安全带挂钩。

图3–39 人员在高处，安全带挂钩点却在低处

风险源点 高处出现作业遗留物，见图3–40。

风险分析 遗留物受风力影响从高处坠落，造成人员伤亡。

风险防范 ①高处作业完成后，检查高处作业点，取下材料、工具；②采取临时紧固措施固定高处物件。

同类风险 ①已置于管廊上未安装的钢管、管件、法兰、阀门、型材，有可能意外坠落，没有采取临时紧固措施；②防腐刷漆用桶、粘结隔热材料用桶在高处管廊没有栓挂固定，随便放置；③搭、拆脚手架产生的脚手架管、脚手架扣件、脚手板，留在高处，没有及时传下地面，没有固定。

图3–40 高处出现作业遗留物

风险源点 在没有挡脚板的脚手板上放置工件，人站在脚手板上，脚手板移动，易造成高空坠物，见图3–41。

风险分析 高空坠物，造成人员伤亡。

风险防范 在脚手板周边设置挡脚板，防止工件坠落。

同类风险 ①脚手板板面铺设不密封，留有空隙，工件坠落；②脚手板板面上放置重量过大的工件、材料，工件坠落；③脚手板没有固定，或者脚手板两端没有支承在脚手架管上。

图3–41 在没有挡脚板的脚手板上放置工件

风险源点 作业人员从高处向地面抛物，见图3-42。

风险分析 被抛物件砸到地面人员。

风险防范 从高处向地面转移物件，要用绳子绑好传送，地面有人员接应。

同类风险 ①从高处向地面传送物件，绳子绑扎不牢固，重物坠落；②从高处向地面传送物件，没有在地面设置警戒线。

图3-42 作业人员从高处向地面抛物

风险源点 高空处施工余料摇摇欲坠，见图3-43。

风险分析 高空处施工余料坠落，人员伤亡。

风险防范 清除高处留下的材料、工具、工件。

同类风险 ①已经就位的设备，没有采取固定措施；②已经架在高处的材料，没有采取固定措施；③拆除作业，留下未拆部分摇摇欲坠。

图3-43 高空处施工余料摇摇欲坠

风险源点　作业人员在高处作业点休息，见图3-44。

风险分析　①高空落物，误伤休息人员；②吊装作业，误伤休息人员；③发生施工火灾爆炸事故时，不利于休息人员撤离。

风险防范　作业人员在地面休息。

同类风险　①作业人员在高处脚手架的作业面脚手板上休息；②作业人员在管廊的管线、框架上休息；③作业人员在储罐顶上休息。

图3-44 作业人员在高处作业点休息

风险源点　人员在高处临边作业不系安全带，见图3-45。

风险分析　在高处临边作业不系安全带，人员从高处坠落。

风险防范　作业人员系挂安全带。

同类风险　高处临边作业，人员站在没有安装、焊接固定的钢板、钢结构、材料、工件或者设备上。

图3-45 人员在高处临边作业不系安全带

风险源点 在高处放置的铁桶未栓挂固定，会从高处坠落，见图3–46。

风险分析 铁桶无栓挂固定，从高处坠落，砸到地面作业人员。

风险防范 ①栓挂固定铁桶；②拉设警戒线；③人员自我保护，不进入可能坠桶的范围内。

同类风险 ①用完后的铁桶，从高处向地面扔下；②已经栓挂固定铁桶，但桶耳不牢固。

图3–46 在高处放置的铁桶未栓挂固定

风险源点 多人在高处作业，缺少位置挂安全带，见图3–47。

风险分析 没有挂好安全带，人员从高处坠落。

风险防范 拉设专门生命线。即沿被作业的卧放的塔设备，拉设一条安全绳，人员的安全带全部挂绳上。

同类风险 ①安全绳两端没有固定好；②设置安全绳，没有在两端将绳拉直，以至绳挠度过大，人员坠落时触及地面；③安全带挂绳过长，人员站的位置高度不足，以至人员坠落时直接触及地面，安全带没有将人员吊在半空，对人员没有保护作用。

图3–47 多人在高处作业，缺少位置挂安全带

风险源点 人员高处作业采用"特技"动作，见图3–48。
风险分析 高处作业采用"特技"动作，人员从高处坠落。
风险防范 作业时没有站立位置，要搭设作业平台。
同类风险 人员如同走钢丝一样，在高处的梁、框架、钢管上行走。

图3–48 人员高处作业采用"特技"动作

风险源点 上梯高处作业，无人扶梯，见图3–49。
风险分析 梯子移动，人员从高处坠落。
风险防范 地面设置扶梯人员。
同类风险 ①扶梯人员中途离开梯子；②梯子放置过于垂直；③梯子架设在不平整、易打滑的地面；作业人员下梯时没有找来扶梯人员，擅自下梯。

图3–49 梯上高处作业无人扶梯

风险源点 人员在未安装防护栏的高处平台上作业，见图3-50。

风险分析 人员从高处坠落。

风险防范 及时安装防护栏；在平台上设置临时挂点，挂好安全带。

同类风险 ①采取在平台临边处设置警戒线、警示标志牌的软隔离办法代替设置防护栏的硬隔离办法；②平台板，没有做到铺设1块，同步焊接固定1块，使平台上铺有松动未固定的钢板，导致人员踩空；③平台上留有空洞，没有封闭固定。

图3-50 人员在未安装防护栏的高处平台上作业

风险源点 高处作业，相对地面有休息人员，见图3-51。

风险分析 工具、材料、工件从高处坠落，砸死砸伤人员。

风险防范 在高处作业点下方拉设警戒线，人员不能进入警戒线内。

同类风险 ①高处作业，工具没有放入工具袋内；②材料、工件处于容易坠落状态，没有临时固定措施。

图3-51 高处作业相对地面有休息人员

- **风险源点**　多人员在高处脚手架上作业没有连墙件，见图3-52。
- **风险分析**　脚手架没有连墙件，整体倾翻。
- **风险防范**　搭设增高脚手架，同步安装连接连墙件。
- **同类风险**　脚手架没有搭设、加固完成，多名架子工上架作业，脚手架倾翻。

图3-52 多人员在脚手架上作业没有连墙件

- **风险源点**　人员站在脚手架管上作业，见图3-53。
- **风险分析**　用力作业时，人员重心改变，没有站稳，从高处坠落。
- **风险防范**　在脚手架上增设脚手板，供人员站立至四平八稳后作业。
- **同类风险**　①没有脚手架，人员站在钢管、框架梁、阀门上作业；②人员悬吊空中作业。

图3-53 人员站在脚手架管上作业

风险源点 作业人员如同猴子一般，在高处攀爬，见图3–54。

风险分析 作业人员如同猴子，在高处攀爬，易坠落。

风险防范 作业人员上落高处，应走脚手架爬梯、平台的斜梯和直梯。

同类风险 ①作业人员攀爬框架、钢管、设备上落高处；②作业人员不是沿脚手架爬梯上落，而是攀爬立杆、横杆、斜杆等脚手架管上落；③作业人员从未验收合格、未搭设完成的脚手架上落。

图3–54 作业人员如同猴子在高处攀爬

第四章

临时用电作业安全风险分析与控制

在石油化工厂内，几乎可以说，有施工作业，就有临时用电。临时用电如果没有严格的管理，出现很不起眼的缺陷，就会发生伤亡事故，被称为“电老虎”。下面说明临时用电作业安全风险分析与控制方法。

第一节 临时用电线路安全风险分析与控制

风险源点 电焊机焊把电缆线出现高温，烧熔其绝缘层，见图4-1。

风险分析 ①损坏焊把电缆；②焊把电缆线漏电和人员触电；③人员灼烫。

风险防范 ①采用高纯度铜电缆线；②保证焊把电缆线长度不大于30m；③采用铜芯截面更大的电缆线；④焊接时调小电焊机电流。

同类风险 ①电焊机地线高温烧熔；② 电焊机地线与焊件接触不良引起高温炽热；③电焊机二次侧接线头高温烧熔和高温炽热。

图4-1 电焊机焊把电缆线高温烧熔

- **风险源点** 大型电缆线路跨路面高度只有4.5m，会被车辆碰撞断裂，见图4-2。
- **风险分析** ①车上人员触电伤亡；②停电。
- **风险防范** 绝缘电缆线路跨路面，高度达6m。
- **同类风险** ①配电箱、盘、柜绝缘线路跨路面高度不足6m；②变压器箱绝缘线路跨路面高度不足6m。

图4-2 大型电缆线路跨路面高度不足

- **风险源点** 电焊机一次侧电源线保护层破损，对绝缘层无保护作用，绝缘层损坏漏电，见图4-3。
- **风险分析** ①一次侧电源线电压为380V,造成人员触电伤亡；②漏电自动保护发生作用停电。
- **风险防范** 更换电焊机一次侧电源线。
- **同类风险** ①电焊机二次侧焊把线、地线保护层破损，不包扎或不更换；②电焊机一次侧线路绝缘层损坏，用绝缘胶布包扎后再投入使用，不更换。

图4-3 电焊机一次侧电源线保护层破损

风险源点 施工期达数月的临时线路不埋地铺设，易受到机械损伤，见图4-4。

风险分析 ①临时线路机械损伤；②漏电造成人员触电。

风险防范 ①施工期达2个月以上的临时线路埋地深700mm；②架空铺设。

同类风险 ①从变电所到临时施工变压器的高压、低压线路，没有埋地或没有架空铺设；②从临时施工变压器到现场施工配电柜、盘的电缆线路，没有埋地或没有架空铺设。

图4-4 施工期达数月的临时线路不埋地铺设

风险源点 临时线路穿越施工预制场区域，受到焊渣烧熔保护层和绝缘层，管材或者钢结构件砸损保护层和绝缘层，见图4-5。

风险分析 ①损坏电缆；②作业人员密集，人员触电伤亡；③停电。

风险防范 ①临时线路架空设置；②临时线路埋地设置；③临时线路从施工预制场区域周边绕过设置；④临时线路加套管保护。

同类风险 ①临时线路穿越破土挖掘区域；②临时线路穿越建构筑物拆除和建设区域；③临时线路穿越腐蚀性介质场所；④临时线路穿越高温场所。

图4-5 临时线路穿越施工预制场区域

风险源点 临时线路有接头且绝缘不良，在接头处因接触不良，接触电阻大，出现高热、炽热；在接头处出现漏电，特别是遇到下雨天，或者线路落入水沟中，情况更是如此，见图4–6。

风险分析 ①人员触电伤亡；②停电。

风险防范 临时线路采用整条电缆，没有接头；若确需接头，在接头处要做绝缘检测，保证连接牢固、规范。

同类风险 ①手持电动工具电源线有中间接头，没有采用整条电缆；②施工机械设备电源线有中间接头，没有采用整条电缆；③配电柜、箱间电源线有中间接头，没有采用整条电缆；④保护接地线有中间接头，没有采用整条电缆。

图4–6 临时线路有接头且绝缘不良

风险源点 临时线路出现裸露接头，若另一头接入有电源，裸露接头就会带电，见图4–7。

风险分析 ①人员触电伤亡；②停电；③短路产生电火花。

风险防范 ①电工查清线路另一头，确认没有接入电源；②电工检测确认裸露接头处没有带电；③电工对裸露接头做绝缘包扎；④将带裸露接头的电源线清理出现场。

同类风险 ①现场摆放有大量电源线，乱作一团，分不清首尾；②手持电动工具电源线接头裸露；③施工机械设备电源线接头裸露；④配电柜、箱内电源线接头裸露。

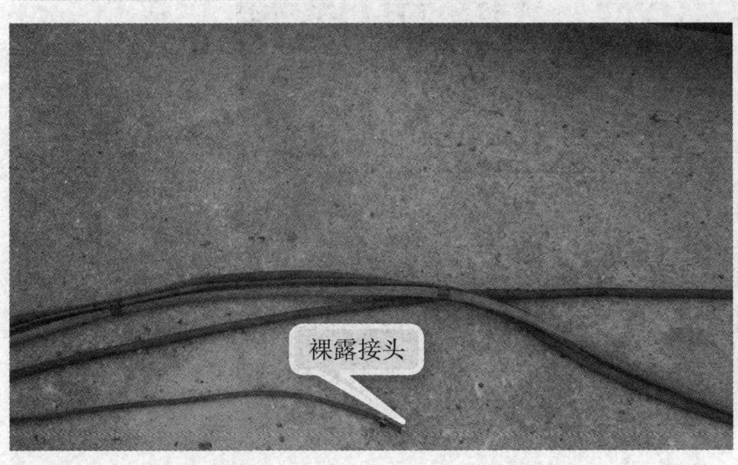

图4–7 临时线路出现裸露接头

风险源点 临时线路用钢丝绑扎，受拉力作用，钢丝会割破线路表层，且钢丝又是一种导体，能通过电流，见图4-8。

风险分析 ①损坏导线；②漏电导致人员触电伤亡；③停电。

风险防范 用非导体绝缘软绳吊起或绑扎好。

同类风险 ①用钢丝将临时线路绑扎在脚手架上；②用钢丝将临时线路绑扎在护栏杆上；③将临时线路绑扎在可移动设备（如车辆）上；④ 将临时线路绑扎在将要拆除或者正在拆除件上。

图4-8 临时线路用钢丝绑扎

风险源点 临时线路出现蛇肚变形，见图4-9。

风险分析 ①温度异常升高导致变形；②内部有接头且连接不牢固、不规范导致变形；③表面曾受到机械性压砸导致变形。这些都能引起漏电，导致人员触电伤亡和停电。

风险防范 ①用检测仪检测内部电缆的绝缘强度；②用测温仪检测表面温度；③断电、验电后拆开检查接头内部情况；④更换电缆。

同类风险 ①临时线路表面变色；②临时线路出现异味；③临时线路变得软化；④临时线路表面有烧焦痕迹；⑤临时线路表面温度异常升高；⑥临时线路经过之处草干枯，潮湿地面局部变干燥。

图4-9 临时线路出现蛇肚变形

风险源点 电焊机焊把线使用铝芯硬塑料层电缆，见图4–10。

风险分析 ①铝芯较铜芯来说强度不足；②铝芯导电能力不如铜芯；③塑料层容易破损；④整个电缆线显得过硬软性不足，难于弯折。

风险防范 采用铜芯厚型橡胶软电缆

同类风险 ①电焊机地线使用铝芯硬塑料层电缆；②电焊机电源线使用铝芯硬塑料层电缆；③手持电动工具使用铝芯硬塑料层电缆；④施工机械设备使用铝芯硬塑料层电缆；⑤临时供配电柜、箱间使用铝芯硬塑料层电缆。

图4–10 电焊机焊把线使用铝芯硬塑料层电缆

风险源点 电缆表层被烧熔，绝缘层损坏，造成漏电，见图4–11。

风险分析 ①人员触电伤亡；②停电；③损坏电缆。

风险防范 ①使用前检查电缆表面的完好性；②作业过程中避免电缆与外部热源接触。

同类风险 ①电焊、火焊切割金属件时，电缆靠近焊、割点；②电焊、火焊切割金属件刚完成，还炽热未降温，将电缆搭接到焊、割口；③大粒炽热焊瘤落至电缆表层；④电焊机地线焊钳出现炽热，电缆碰触。

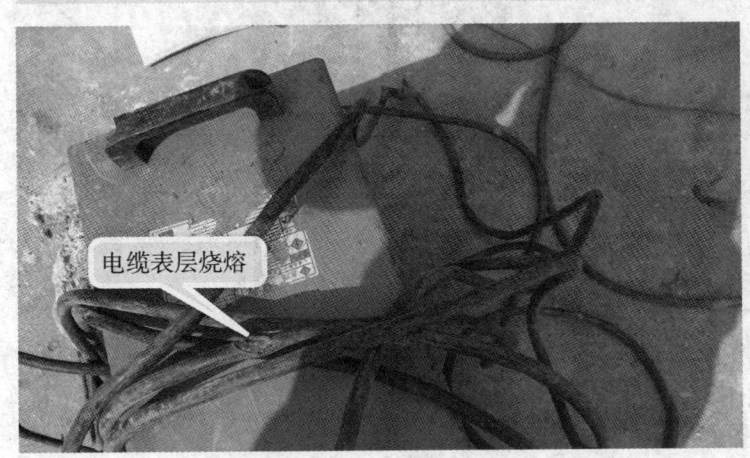

图4–11 电缆表层被烧熔

风险源点 临时线路穿越路面无保护且半挂空中，车辆通行时，车轮压过，损坏地面电缆，同时车厢还会拉扯到半挂空中的电缆，见图4-12。

风险分析 ①漏电造成车上人员伤亡；②车轮压损坏电缆；③车厢拉断电缆。

风险防范 ①电缆穿越路面，将电缆穿入套管保护；②电缆穿过路面后再往高处拉，不在路中间向上拉设电缆；③将临时线路架空，高度达6m以上。

同类风险 ①临时线路架空，高度不足，车厢拉断电缆；②架空设置不牢固，从高处落下至危险高度。

图4-12 临时线路穿越路面无保护且半挂空中

风险源点 从变电所引出至施工箱式变压器的6kV临时高压线路沿地面铺设，见图4-13。

风险分析 高电压容易引起人员触电。

风险防范 ①经专业设计；②埋地700mm铺设；③采用专用电杆架空铺设。

同类风险 ①未经专业设计埋地、架空铺设高压线路；②没有采用专用电杆、绝缘子架空铺设高压线路；③架空铺设的高压线路穿越罐区、装置区。

图4-13 6kV临时高压线路沿地面铺设

风险源点 焊接地线长度不足，钢管一头与地线搭接，另一头与被焊件搭接，形成以钢管充当焊接地线，见图4–14。

风险分析 钢管的导电能力不如铜芯电缆，且没有专用地线焊钳，在搭接处会因接触电阻增大，整个线路温度大大升高，直至在搭接处产生炽热。

风险防范 采用铜芯厚型橡胶软电缆作为焊接地线。

同类风险 ① 采用钢筋充当焊接地线；②采用扁钢、钢带充当焊接地线。

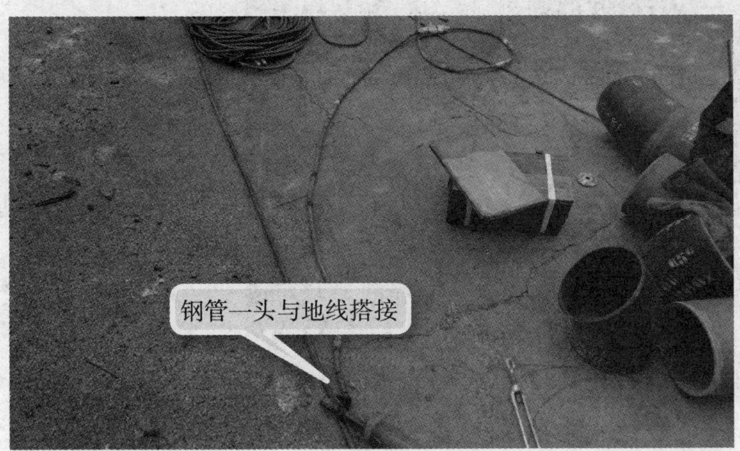

图4–14 用钢管充当焊接地线

风险源点 道路边缘的明铺电缆，护栏已被车辆撞开，车轮压在沙井盖上，沙井盖边框会压破电缆表层，见图4–15。

风险分析 ①电缆表层损坏；②漏电造成人员伤亡；③停电。

风险防范 ①加装保护设施；②被车辆压过的电缆要做检查、检测再投入使用。

同类风险 用套管保护的电缆，被履带吊车、履带钩机、重型车辆压过，造成电缆损坏。

图4–15 道路边缘的明铺电缆受到车辆损坏

风险源点 用角钢保护道路上的临时线路，在角钢两端，电缆压在锋利的角钢边缘下，车辆压过角钢，电缆表层受损，见图4-16。

风险分析 ①电缆表层损坏；②漏电造成人员伤亡；③停电。

风险防范 ①用套管保护电缆；②将电缆架空。

同类风险 ①用槽钢保护道路上的临时线路；②用焊接薄壁钢管保护道路上的临时线路，薄壁钢管不耐压。

图4-16 用角钢保护道路上的临时线路

风险源点 临时线路放置于锋利的钢板割口边缘，临时线路受到拉力、压力作用，钢板割口割破、刺破电缆表层，见图4-17。

风险分析 ①电缆表层损坏；②漏电造成人员伤亡；③停电。

风险防范 ①避开钢板割口边缘设置临时线路；②在钢板割口边缘加保护垫。

同类风险 ①钢结构件的焊、割口，表面和端部带有焊瘤、焊渣、毛刺，压在临时线路电缆上；②带尖锐棱角的结构件压在临时线路电缆上；③大件材料、设备、施工机械压在临时线路电缆上；④配电箱的电缆引出孔锋利，没有护圈。

图4-17 临时线路放置于锋利的钢板割口边缘

风险源点 临时线路放置于斜梯通道口，电缆容易受到机械性损伤，人员容易被绊脚，见图4-18。

风险分析 ①机械性损伤电缆；②人员被绊脚跌倒。

风险防范 ①将临时线路绕开其容易受到机械性损伤的位置设置；②将临时线路绕开其容易使人员被绊脚跌倒的位置设置。

同类风险 ①临时线路横穿笼式直梯口设置；②临时线路横穿应急通道口设置；③临时线路不是紧贴地面设置，而是设置在距离地面有一定高度的位置，使人员容易被绊脚跌倒。

图4-18 临时线路放置于斜梯通道口

风险源点 临时线路大小互相缠绕，见图4-19。

风险分析 临时线路大小互相缠绕，拉动大电缆，小电缆也被拉动。①拉断接头；②拉翻配电箱。

风险防范 各条线路有条理摆放，不能乱成一团。

同类风险 ①电缆线路缠、挂在被吊装物体上，起吊时被拉断；②电缆线路满地乱摆乱放，受到钢结构件压损或者焊渣、焊割口灼烫。

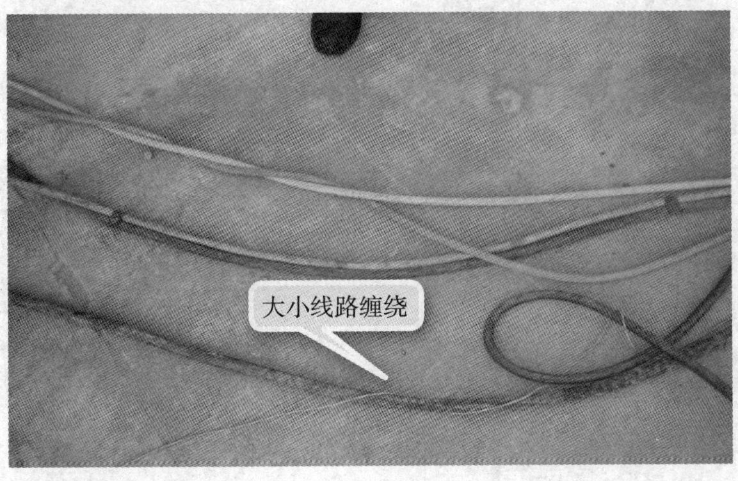

图4-19 临时线路大小互相缠绕

风险源点　工具设备内部线路、结构被改装，见图4–20。

风险分析　造成人员触电，失去或者降低防爆、防水功能。

风险防范　不能拆开、改装防爆电气设备。

同类风险　按标准生产的配电箱、柜、盘内部保护器、开关、插头等组件及线路被改装。

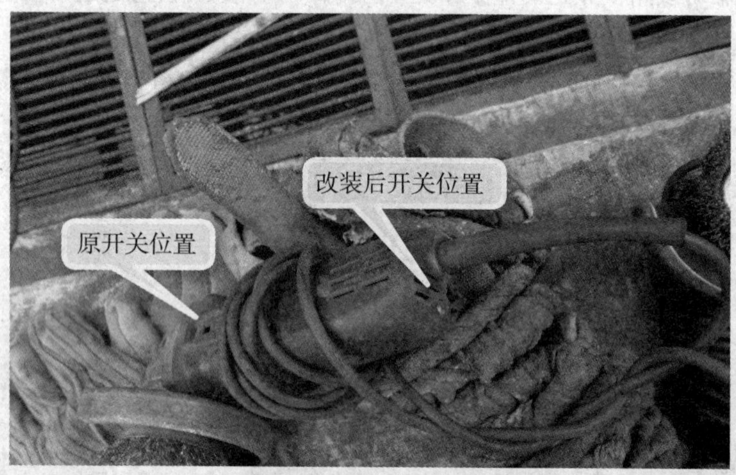

图4–20　工具设备内部线路、结构被改装

第二节 临时用电设备安全风险分析与控制

风险源点 配电箱内带电线路接头裸露，见图4–21。

风险分析 ①配电箱内带电接头裸露，造成人员触电；②其他金属件、导线碰触，出现误通电或短路。

风险防范 重新压接接头，做到带电接头不裸露。

同类风险 ①压接接头松动不牢固；②接头紧固不是用螺丝压接，而是用绕线、绑扎接法；③电缆线接头受外拉力作用；④接头接好后，没有盖好接头护盖。

图4–21 配电箱内带电接头裸露

风险源点 配电箱内开关有过热灼烧痕迹，说明开关曾经过热受损，目前很可能是带病运行，见图4–22。

风险分析 ①开关带故障，不能正常供电；②漏电保护装置不起作用，导致人员触电。

风险防范 ①更换有过热灼烧痕迹的开关；②电工检查供电设备、用电设备、线路、开关和保护装置。

同类风险 ①线路电缆过热；②电缆中间接头和两端接线柱过热；③设备过负荷过电流保护装置不动作。

图4–22 配电箱内开关有过热灼烧痕迹

风险源点 配电箱从侧面开孔引入引出电缆，见图4–23。当因高处作业，需将引入引出电缆向配电箱上方拉设时，雨水沿电缆流入配电箱开关内。

风险分析 造成漏电断电。

风险防范 在配电箱底面开孔，将电缆从底孔引入引出。

同类风险 ①不是使用有生产许可证、合格证、正式厂家生产的配电箱，而是使用自制配电箱；②配电箱门的制作不合理，关闭时其缝隙能进雨水；③配电箱外表面有多余的开孔、缝隙能进雨水；④配电箱有破损之处能进雨水；⑤在配电箱箱门处没有防触电的安全警示标识；⑥配电箱开孔引入引出电缆，孔口边缘没有护圈，锋利割损电缆；⑦配电箱内放置有杂物、导线；⑧从配电箱顶部、配电箱门处引出引入电缆。

图4–23 配电箱从侧面开孔引入引出电缆

风险源点 配电箱内电缆不分线色，5条线全部采用黑色，见图4–24。

风险分析 没有颜色区分，容易接错线；在日常检查和管理过程中，由于从颜色上不能区分各线的用途，会带来工作不便，甚至出现工作差错。

风险防范 A相线用黄色，B相线用绿色，C相线用红色，N工作零线用淡蓝色，PE保护零线用绿／黄双色。

同类风险 ①供配电线路不分线色；②用电设备接线不分线色。

图4–24 配电箱内电缆不分线色

风险源点 晚上下班后配电箱仍然送电，下班后配电箱仍然接出电源线，见图4–25。

风险分析 ①配电箱带电；②配电箱接出电源线带电。施工人员已经下班，如遇上风雨天气，或者装置发生事故需要现场处理，容易造成人员触电。另外，如遇装置泄漏可燃气，电源变成点火源，引发火灾爆炸事故。

风险防范 ①在上一级配电装置断开电源；②拨开或拆除配电箱接出的电源线；③停电牌、送电牌都没有设置的配电箱，应视同送电配电箱，不能乱动，请电工确认，设置停电牌或者送电牌。

同类风险 ①断电后没有验电确认已断开电源；②送电后没有验电，并检查确认已经正常送上电；③断电后没有设置停电牌；④送电后没有设置送电牌；⑤将停电牌、送电牌都没有设置的配电箱，错误当作断电配电箱。

图4–25 下班后配电箱仍然送电且接出电源线

风险源点 施工用箱式变压器靠近消防栓设置，难于操作消防栓，或可引起大量消防水喷到变压器箱，见图4–26。

风险分析 ①不能投用消防栓；②人员靠近变压器操作消防栓造成触电。

风险防范 ①箱式变压器与消防栓间保持安全距离；②在消防栓处挂禁用牌、警示牌。

同类风险 ①配电箱、配电柜、临时变压器靠近污水井、污水池安装；②在运行的罐区围堰内、装置区内安装配电箱、配电柜；③配电箱、配电柜、临时变压器设置在有水或可能受水浸的位置。

图4–26 施工用箱式变压器靠近消防栓设置

风险源点 配电箱引出电源线插口缺失护盖，见图4–27。

风险分析 ①插口因出现进水、脏污而漏电停电；②人员接触造成触电。

风险防范 补上插口缺失的护盖。

同类风险 ①配电箱门没有关严；②因从配电箱门处引出引入电缆而无法关闭配电箱门；③箱式变压器、配电柜周围没有设置防护栏；④配电柜脚没有固定安装，配电柜被风吹倒；⑤箱式变压器、配电柜、配电箱没有设置现场专门接地、专门接地松脱不牢固、专门接地深度不足接地电阻过大；⑥配电柜、配电箱距离地面低于300mm，箱式变压器距离地面低于500mm，导致进水。

图4–27 配电箱引出电源线插口缺失护盖

风险源点 电焊人员在潮湿带水地沟作业，身体潮湿且接触到沟边和钢管，见图4–28。

风险分析 容易造成人员触电。

风险防范 身体、衣服干燥；身体不接触到沟边和钢管等易导电部位。

同类风险 ①人员站在水中电焊作业，不穿绝缘靴；②人员站在水中电焊作业，不戴绝缘手套。

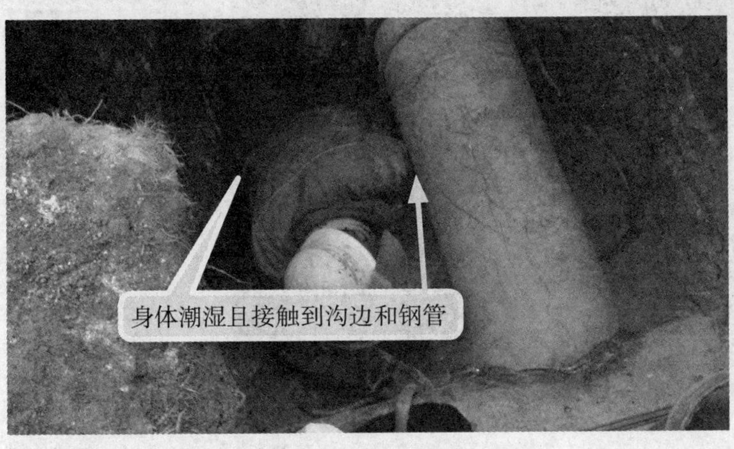

图4–28 电焊人员在潮湿带水地沟作业，身体潮湿且接触到沟边和钢管

风险源点 没有《电工作业许可证》人员对配电箱进行作业，见图4–29。

风险分析 ①没有《电工作业许可证》人员触电伤亡；②接电后线路不安全造成用电人员触电伤亡。

风险防范 ①由持证电工在配电箱上接线；②由持证电工对配电箱检查、验电和处理故障。

同类风险 ①电工人员没有每天作业前对配电箱检查，在箱内检查表上签名；②箱式变压器、配电柜上没有设置相应安全作业规程；③电工人员没有每天、或者在出现异常情况下试验自动保护功能。

图4–29 没有《电工作业许可证》人员对配电箱进行作业

风险源点 下雨后电工人员没有检查配电箱，配电箱内可能已进水，见图4–30。

风险分析 ①漏电而造成断电；②人员触电伤亡。

风险防范 下雨后电工人员重新检查配电箱、用电设备和供配电、用电线路。

同类风险 ①出现自动保护动作，没有查明原因，继续送电；②检查发现自动保护不能动作，没有更换自动保护开关；③线路、设备出现异常味道、异常高温，没有查明原因，采取措施处理；④施工用电设备损坏，没有从线路电源查找原因。

图4–30 下雨后电工人员没有检查配电箱

风险源点 电焊机插头过热导致出现灼烧痕迹，见图4–31。

风险分析 因线路过长、线路铜线截面过小、线路铜材料含铜量低、插头处接触不良和焊机电流过大都会导致插头过热、灼烧，损坏电焊机。

风险防范 ①移动电焊机，缩短线路长度；②采用铜芯为更大截面线路；③更换为含铜量高线路；④检查插头是否插牢固，接触良好；⑤调小电焊机电流。

同类风险 ①电焊机二次侧焊把线、地线插头过热；②电焊机地线与被焊件连接的焊钳处过热、灼烧。

图4–31 电焊机插头过热导致出现灼烧痕迹

风险源点 电焊机焊靶破损带电部位裸露，见图4-32。

风险分析 人员触电伤亡。

风险防范 ①更换为完好焊靶；②作业前检查电焊设备和线路；③佩戴绝缘手套；④在有水作业场所、潮湿部位或设备内作业，采用绝缘垫，穿绝缘鞋。

同类风险 电焊机电源线、焊靶线、地线外层损坏，导线裸露出铜芯。

图4-32 电焊机焊靶破损带电部位裸露

风险源点 电焊机地线未采用专用焊钳，而采用钢管圈搭接被焊件本体，造成地线与被焊件连接不牢固，见图4-33。

风险分析 地线与被焊件本体接触不良，焊接时出现高热、炽热。

风险防范 在地线末端采用专用焊钳，焊接时用焊钳夹牢固被焊件本体。

同类风险 ①没有采用专用焊钳，将焊接地线末端的铜芯直接缠绕、绑扎在被焊件本体上；②在现场制作简单的卡具，代替专用焊钳，焊接时卡在被焊件本体上；③采用专用焊钳，但焊钳已受损失去压紧力，无法压紧被焊件本体。

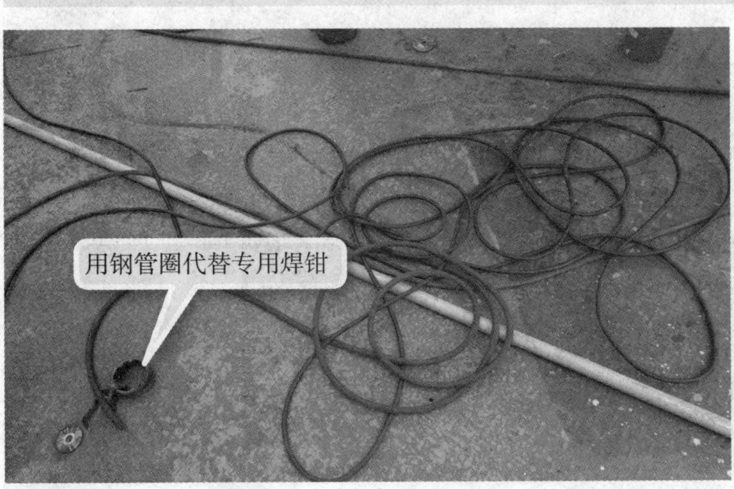

图4-33 电焊机地线没有采用专用焊钳

风险源点 电焊机焊靶所夹焊条碰触到防护栏杆等金属导体，如果电焊机送上电处于工作状态，在焊条与护栏杆之间，会不断闪出火花，防护栏杆充当了被焊件，见图4–34。

风险分析 ①产生的焊接火花，导致发生火灾爆炸事故；②如果焊条碰触到的不是护栏杆，而是管线，还会引起管壁熔穿泄漏。

风险防范 ①停止焊接时，悬挂好焊靶，焊靶不与导体接触，焊条不能夹在焊靶上；②下班时关闭焊机，停焊机电源。

同类风险 电焊机工作时，将焊靶或者焊钳置于积水中；焊靶所夹焊条碰触到管线、设备，造成熔穿。

图4–34 电焊机焊靶所夹焊条碰触到防护栏杆

风险源点 施工箱式变压器没有防护栏杆硬隔离，见图4–35。

风险分析 没有防护栏杆硬隔离，人员靠近，触电伤亡。

风险防范 用防护栏杆硬隔离。

同类风险 ①临时用电变压器没有防护栏杆硬隔离；②临时用电变压器没有设置“止步，高压危险！”的警告牌。

图4–35 施工箱式变压器没有防护栏杆硬隔离

风险源点　没有切断电源更换手持电动砂轮机砂轮片，见图4–36。

风险分析　更换时人员误碰砂轮机开关，或其他原因导致砂轮机启动，可能切断手指。

风险防范　先在配电箱处摘除砂轮机电源，后更换砂轮机砂轮片。

同类风险　①没有切断电源更换切管机砂轮片；②没有切断电源接线、拆线；③没有切断电源维修、调整、安装或拆除电气设备、用电机械设备、施工机具、用电工具。

图4–36　没有切断电源更换手持电动砂轮机砂轮片

风险源点　电源线搭在钢管套丝机转动部位，见图4–37。

风险分析　转动部位发热，电源线表层熔化；转动部位发生转动，损坏电源线。

风险防范　使用前、使用后，都要对电动工具、电动设备进行检查。

同类风险　①电动工具、电动设备的电源线受到大型工件、材料、设备重压；②电动工具、电动设备的电源线接触到工件炽热切割口表面，受到高温作用而熔化；③电动工具、电动设备的电源线受到工件尖锐边角口切割，表层损坏。

图4–37　电源线搭在钢管套丝机转动部位

第五章

起重作业安全风险分析与控制

起重作业，除可能直接发生人员伤亡事故外，还会因重物、吊机坠落，砸损带物料的设备管线，造成泄漏，引起火灾、爆炸和人员中毒、伤亡事故。下面说明起重作业安全风险分析与控制方法。

第一节 手动葫芦吊装安全风险分析与控制

风险源点 用脚手架钢管起吊重物，脚手架钢管不能承受重物拉力，见图5-1。

风险分析 ①重物拉断脚手架钢管，重物坠落；②脚手架倒塌，人员从高处坠落。

风险防范 手动葫芦的悬挂吊点，应选择大型、牢固的钢框架横梁。

同类风险 ①防护栏杆作为悬挂吊点；②工艺管线作为悬挂吊点；③细小的框架横梁作为悬挂吊点。

图5-1 手动葫芦起吊重物采用脚手架钢管作为悬挂吊点

风险源点 临时焊接的手动葫芦悬挂吊点强度不足，见图5-2。

风险分析 吊装时在应力集中点、力矩最大点或者薄弱点断裂，重物坠落。

风险防范 尽量避免焊接临时悬挂吊点，确实需要，要采用连续焊缝、合理焊接结构和够大够厚的材料。

同类风险 ①将临时悬挂吊点焊在管壁或直接焊在容器壁；②吊钩挂在悬挂吊点，吊钩容易从吊点甩出。

图5-2 手动葫芦悬挂吊点临时焊接强度不足

风险源点 手动葫芦采用自制简易起重支架吊装大型钢管、预制加长钢管，强度不足，见图5-3。

风险分析 ①起重悬吊点断裂；②起重支架坍塌。导致重物坠落，造成人员伤亡或损坏设备。

风险防范 ①采用高强度起重支架和悬吊点；②焊口良好，采用连续焊；③作业前做支架检查。

同类风险 ①采用自制简易吊钩；②采用自制简易吊装绳和吊装带；③采用自制简易吊装索具；④采用吊钩、吊装绳和吊装带、吊装索具没有产品标准、合格证、说明书和生产厂名。

图5-3 手动葫芦采用自制简易起重支架强度不足

风险源点 手动葫芦吊钩用于防止钢丝绳甩出的保险装置脱落，保险装置对吊钩出口失去压紧力，见图5-4。

风险分析 当用吊钩横拉、斜拉时，钢丝绳从吊钩口甩出，重物坠落，造成人员伤亡或者损坏被起吊设备。

风险防范 更换上新的保险装置。

同类风险 ①吊装将钢丝绳置于保险装置外侧，保险装置对钢丝绳无防甩出作用；②保险装置无弹簧压紧力。

图5-4 手动葫芦吊钩防止钢丝绳甩出的保险装置脱落

风险源点 吊装钢结构件采用麻绳且磨损严重，见图5-5。

风险分析 ①尖锐边缘没有给麻绳加保护垫；②麻绳强度不足；③麻绳已经磨损严重。这些会导致麻绳断裂，重物坠落。

风险防范 图5-5中为吊装6条短槽钢。①改用钢丝绳；②在钢丝绳槽钢尖锐边缘接触的部位加保护垫。

同类风险 ①采用专用软性吊装带，吊装带强度不足；②采用磨损、断股不合格的吊装带和钢丝绳；③不是采用专用吊索具，而是采用作其他用途的绳索。

图5-5 手动葫芦吊装钢结构件采用麻绳且磨损严重

风险源点 手动葫芦吊装人员眼睛不注视被吊重物，见图5-6。

风险分析 ①重物摆动，撞坏设备，碰撞人员；②重物坠落；③重物重心偏移。

风险防范 ①吊装时双目注视被吊重物，及时通过拉动导链调整重物移动方向，以保护人员和设备，促使被吊安全重物就位；②多人操作手动葫芦起吊同一重物，设置指挥人员。

同类风险 ①手动葫芦吊装人员吊装时不集中精神；②手动葫芦吊装人员吊装过程中没有做到密切配合、协同操作、细心观察、保护别人和自身安全；③操作手动葫芦擅自松开双手。

图5-6 手动葫芦吊装人员眼睛不注视被吊重物

风险源点 手动葫芦吊装人员站位不安全，站在钢管可能坠落位置，见图5-7。

风险分析 被起吊钢管斜向下冲，受钢管撞击，人员伤亡。

风险防范 手动葫芦吊装人员站在钢管侧面指挥和操作。

同类风险 ①手动葫芦吊装人员站在被起吊物下方；②人员将手、脚、头或者身体其他部位，伸入若被起吊物移动、坠落所剂压、撞击到的位置；③手动葫芦吊装场所有人员在从事其他施工作业。

图5-7 手动葫芦吊装人员站在钢管可能坠落位置

风险源点 手动葫芦吊装没有设置警戒线，其他作业人员闯入吊装现场，见图5–8。

风险分析 人员闯入手动葫芦吊装现场危险区域，发生伤亡事故。

风险防范 在手动葫芦吊装现场危险区域，拉设封闭式警戒线。

同类风险 ①人员随便进入警戒线内；②警戒线封闭范围过小；③警戒线没有维护好，跌落地面。

图 5–8 手动葫芦吊装现场没有设置警戒线

风险源点 手动葫芦大件复杂吊装，只有2人操作，人力不足，见图5–9。

风险分析 ①被起吊重物无法对位；②被起吊重物误碰撞其他设备；③被起吊重物坠落。

风险防范 ①增加起重操作人员；②对于环境复杂，高难度吊装，必要时设置专门人员指挥协调操作。

同类风险 有多人操作，但受现场条件限制，互相不能看见对方，又没有设置专门人员指挥协调操作。

图 5–9 手动葫芦大件复杂吊装 2 人操作人力不足

风险源点 手动葫芦吊装擅自摘除吊钩，被吊大型钢管的重量集中压在脚手架上，见图5-10。

风险分析 ①压塌脚手架；②摘除吊钩后，起重人员难以控制被吊大型钢管的移动；③被吊大型钢管从高处坠落。

风险防范 起吊重物过程中不擅自摘除吊钩，不擅自松开吊装绳。

同类风险 ①多台手动葫芦协同吊装，其中1台擅自解除，退出作业；②多台手动葫芦协同吊装，其中有1台被架空，没有承受到被吊重物的重力；③被吊重物未经确认已经牢固就位，擅自摘除手动葫芦吊钩和吊绳。

图5-10 手动葫芦吊装擅自摘除吊钩

风险源点 手动葫芦吊装倒链缠绕阀门手轮，见图5-11，阀门手轮为铸造材料，显脆性。

风险分析 当被起吊重物意外坠落，或者倒链受到起吊重物的重力、拉力作用，阀门将受到损坏。

风险防范 手动葫芦吊装倒链悬挂、固定在坚固的框架结构上。

同类风险 吊装倒链悬挂、缠绕、剂压或者拉扯到以下部位：①管线，特别是细小的管线；②电气、仪表装置；③管线、设备的倒淋；④管线、设备的支撑；⑤脚手架钢管或脚手板。

图5-11 手动葫芦吊装倒链缠绕阀门手轮

风险源点 手动葫芦吊装倒链用钢丝连接，钢丝容易断裂，见图5-12。

风险分析 手动葫芦吊装倒链用钢丝绑扎连接，钢丝强度不足。如果钢丝断裂，吊装倒链也就断裂。

风险防范 断开的倒链，不能用钢丝绑扎连接后再利用，要报废，清出现场。

同类风险 ①吊装倒链磨损继续使用；②手动葫芦出现卡链继续使用；③手动葫芦失效继续使用；④手动葫芦销子磨损，出现脱落迹象，但继续使用。

图5-12 手动葫芦吊装倒链用钢丝连接

风险源点 将吊钩直接挂在工件上，且吊挂点已经变形，见图5-13。

风险分析 吊挂点不牢固，被吊重物坠落。

风险防范 ①吊钩通过挂绳挂到吊挂点；②吊挂点产生变形，要立即停止吊装，另外选择吊挂点。

同类风险 ①吊绳磨损、破损；②钢丝绳绳套插接长度过短。

图5-13 吊钩直接挂在工件上，且吊挂点已经变形

风险源点 受脚手架钢管阻挡，上下吊钩不在一条直线上，见图5-14。
风险分析 ①手动葫芦起重能力大大下降；②损坏手动葫芦。
风险防范 上下吊钩设置在一条直线上。
同类风险 ①吊装时，吊挂点产生位移；②在葫芦处出现卡链现象；③有沙子、杂物、碎块进入葫芦内。

图5-14 受脚手架钢管阻挡，上下吊钩不在一条直线上

风险源点 手动葫芦吊架倾斜变形，被吊物跌落地面，见图5-15。
风险分析 砸伤人员手部、脚部。
风险防范 ①用更大规格材料制作吊架；②吊架允许吊装重量，要有标定值。
同类风险 ①吊架顶部吊耳的强度不足；②吊架4条支撑腿中有出现弯曲、变形的，仍然使用；③吊架支撑在不平整，或者有倾斜的地面。

图5-15 手动葫芦吊架倾斜变形

- **风险源点** 利用工艺管线作为手动葫芦起吊重物的吊点，见图5-16。
- **风险分析** 如果是细小的管线，或者管壁因内外腐蚀作用，已经大幅减薄，作为吊点的管线会断裂。
- **风险防范** 利用大型的框架横梁作为吊点。
- **同类风险** 利用平台护栏杆作为吊点，平台护栏杆强度不足，重物坠落。

图5-16 利用工艺管线作为手动葫芦起吊重物的吊点

第二节 起重机吊装安全风险分析与控制

风险源点 起重机高空吊装没有在重物上拴上牵引绳（又称溜绳），见图5-17。

风险分析 高空吊装，重物上没有拴上牵引绳，导致被吊重物摆动。①被吊重物摇摆无法准确定位；②被吊重物摇摆，碰撞人员或设备。

风险防范 高空吊装，事先在重物上拴上牵引绳，起吊后，起重人员拉动牵引绳，控制重物摆动。

同类风险 ①牵引绳长度不足，被吊重物升高至相当高度，由于牵引绳也跟着上升，导致地面人员无法抓到牵引绳，不能控制重物摆动；②将牵引绳缠、挂在人员身上或设备管线上；③由于没有注意检查，牵引绳被意外缠、挂在设备管线。

图5-17 起重机高空吊装没有在重物上拴上牵引绳

风险源点 起重机起吊重物后警戒线内有大量人员，见图5-18。

风险分析 起重机起吊重物后，警戒线内有大量人员，重物意外坠落，造成大量人员伤亡。

风险防范 ①无关人员不能进入警戒线内；②起重人员不能在重物下方；③警戒线内有无关人员，指挥人员不能发出起吊信号；④有危及人的不安全因素，司机不能操作起吊。

同类风险 ①没有设置封闭警戒线；②警戒线范围过小；③警戒线跌落；④吊臂转动范围有其他作业。

图 5-18 起重机起吊重物后警戒线内有大量人员

风险源点 起重机起吊重物，在窄小受阻环境，人员没有退路，没有避让位置，重物摆动容易挤压人员，见图5-19。

风险分析 没有退路，没有避让位置，重物摆动，受挤压、碰撞，人员伤亡。

风险防范 起重人员选择有退路、可以避让的位置站立。

同类风险 ①起重人员站在被起吊重物与现场其他设备设施之间的夹缝位置；②起重人员安全带过短，以致重物向人员方向摆动，人员无法躲避；③被起吊重物起吊或就位时，起重人员将手伸入其中的夹缝位置；④作业时，起重人员精神不集中，没有注视重物摆动状况，受到重物意外碰撞。

图 5-19 起重机所起吊重物在窄小环境容易挤压人员

风险源点 起重机站近设备管线，作业时转台转动，碰撞设备管线，见图5–20。

风险分析 转台转动，碰撞损坏设备管线。

风险防范 ①警示司机、指挥员，禁止转台往设备管线一侧转动；②更换起重机；③另选起重机站位。

同类风险 ①伸出的支腿，压在地面井盖板上；②工作时吊臂碰撞、挤压到设备管线。

图 5–20 起重机转台转动碰撞设备管线

风险源点 起重机钢丝绳磨损，部分钢丝断裂，见图5–21。

风险分析 吊装作业时，钢丝绳断开，重物坠落。

风险防范 ①作业前检查钢丝绳；②发现有磨损、断丝、断股的钢丝绳，立即停用报废，清离现场。

同类风险 ①钢丝绳编结绳套、钢丝绳对接，插接长度不足；②钢丝绳松散，形成笼状；③现场出现有断开的钢丝绳，没有查找发生什么事故和事故原因。

图 5–21 起重机钢丝绳磨损断裂

风险源点 起重机起吊条状物只采用一个吊点，见图5-22。

风险分析 被起吊物绑扎不牢固，会滑移。

风险防范 在被起吊的槽钢两端各选取吊点，即两头绑扎钢丝绳起吊。

同类风险 吊装钢管只采用一个吊点。

图5-22 起重机起吊条状物只采用一个吊点

风险源点 起重机作业半径过大，即吊臂伸出长度大，且吊臂过于倾斜，见图5-23。

风险分析 只要略有重物，都会超出作业工况下的额定载荷，造成起重机倾翻。

风险防范 ①采用大吨位起重机；②起重机站位靠近被起吊物，以缩小作业半径；③起重机显示已经达到作业工况下的额定载荷，停止工作，另外采取措施。

同类风险 ①司机起吊后伸长吊臂；②司机起吊后将吊臂向下倾斜。

图5-23 起重机作业半径过大

风险源点 被起吊重物上有人站立，司机起吊作业，见图5–24。

风险分析 人员从重物上坠下，造成伤亡。

风险防范 起重人员离开重物，站在安全位置，指挥人员经观察后，发出起吊信号。

同类风险 ①起重人员将安全带挂钩挂在被起吊重物上，起吊前忘记取下挂钩，导致人与重物一齐被吊起；②起重人员未系挂完成钢丝绳，即起吊重物，造成起重人员手部受钢丝绳挤压；③起重人员还在夹缝位置，未退至安全地点，便起吊重物，造成人员受到重物挤压、碰撞。

图5–24 被起重物上有人站立时起吊

风险源点 小管套入大管内起吊后小管易从高处坠落，见图5–25。

风险分析 小管套入大管内，起吊后，小管从高处滑落，造成人员伤亡和损坏设备。

风险防范 将小管从大管内取出，成捆绑扎牢固后，再用钢丝绳捆绑吊装。

同类风险 ①成捆吊件中有小件没有绑扎牢固，起吊后从高处滑落；②大件吊物上放置有没有安装固定的浮置件，起吊后从高处滑落；③被起吊设备内有散件，起吊后滚动出设备外从高处滑落；④多件零散件、短件、小件，不是先装入吊篮、吊筐后吊装，而是用绳索绑扎后吊装，捆绑不牢固从高处滑落。

图5–25 小管套入大管内起吊后小管易从高处坠落

风险源点 起重机上仍然吊有重物，司机却离开操作室，见图5–26。

风险分析 司机离开操作室，出现危险情况，没有人员操作控制。

风险防范 起重机上吊有重物，司机要留在起重机操作室内。

同类风险 ①起重机上吊有重物，指挥员、起重人员擅自离开吊装岗位；②指挥员、起重人员未到位齐全，司机开始操作；③吊装完成后，起重人员没有检查吊物安全就位情况，离开现场。

图 5–26 起重机吊有重物司机离开操作室

风险源点 吊装作业完成后起重机臂架不及时拆除，易受到风吹或者雷击，见图5–27。

风险分析 ①起重机臂架受到大风吹刮倒下；②起重机臂架多数能承受直击雷打击，但是受感应雷作用，传导电流，容易破坏绝缘，烧损电路板。

风险防范 ①吊装作业完成后，及时拆除起重机臂架，撤出现场；②伸缩臂起重机收回臂架；③经历雷电后，司机要检查起重机受损情况。

同类风险 ①吊装作业完成后，司机没有将各操作装置、控制装置设置到操作规程所要求的位置；②吊装作业完成后，司机离开，没有将车门上锁。

图 5–27 吊装作业完成后起重机臂架不及时拆除

风险源点 起重机支腿长度没有完全伸出，起重机起重能力将降低一半或者更多，见图5–28。

风险分析 支腿没有完全伸出，导致起重机起重能力大大降低，吊装时造成起重机倾翻事故。

风险防范 ①将支腿长度完全伸出吊装；②若有场地限制，无法全伸支腿，要考虑到起重机起重能力已减半。

同类风险 ①支腿支承不平稳；②在临边处支承支腿；③支腿支承在受压塌陷位置；④各条支腿未全部伸出。

图 5–28 起重机支腿长度没有完全伸出

风险源点 吊装过程中受重物作用起重机所站地面塌陷出现倾斜，见图5–29。

风险分析 吊装过程中受重物作用，起重机所站地面塌陷，起重机出现倾斜。只要起重机略有倾斜，就会造成倾翻。

风险防范 ①已经出现地面塌陷，垫钢板下沉，导致起重机倾斜，不能用木板垫平，因木板硬度低，会被压碎压扁，导致再度倾斜，更加危险；②不能在临边铺设垫钢板，临边强度低，容易被压塌；③选择硬底可承重混凝土地面站立起重机，必要时事先铺设混凝土地面；④大型吊装，吊装前事先检测地面水平度；⑤出现地面下沉开裂状况，立即放下重物，停止吊装。

同类风险 车间装置周边道路，一般采用可承重混凝土地面设计，但是，在周边道路与装置之间的空地，采用混凝土的标号、厚度、石子号数都不如道路的。因此，装置周边道路可站大型起重机吊装，周边道路与装置之间的空地，要站大型起重机吊装，就要注意检查其耐压强度。

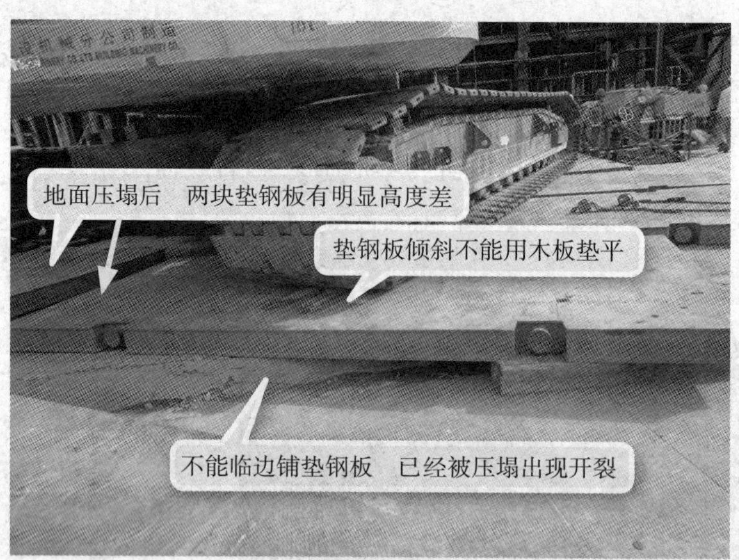

图 5-29　吊装过程中受重物作用起重机所站地面塌陷出现倾斜

风险源点　起重机在高压线环境中作业，起重机安全距离不足，受到电场感应作用，见图5-30。

风险分析　①起重机受电场感应作用，带电造成人员伤亡；②高压线放电造成全厂断电。

风险防范　①制定专门方案，确保安全距离；②断电后吊装作业；③特别告知作业人员其中的危险性。

同类风险　错误认为吊臂、被起重物触到高压线就会发生事故，实际上相距不大于安全距离，即会发生事故。

图 5-30　起重机在高压线环境中作业

风险源点 空间限制被吊设备不能就位，见图5–31。

风险分析 由于受到已有设备、框架、管线阻挡，被吊设备不能就位，只能处理好现场后，重新吊装。

风险防范 起重作业前，先检查被吊设备就位点的空间大小情况，检查障碍物情况。

同类风险 ①起重作业前没有选择找准吊车站位；②起重作业前没有检查吊臂将要转动的范围内是否有设备、框架、管线阻挡；③起重作业前没有检查设备基础地脚螺栓与设备螺栓孔是否一一对位。

图5–31 空间限制被吊设备不能就位

风险源点 吊耳焊缝未经检验，不能出示检验后的检测报告，见图5–32。

风险分析 吊装设备时吊耳断裂，重物坠落，造成人员伤亡和设备损坏。

风险防范 对吊耳焊缝进行无损检测，出示检测报告。

同类风险 ①设计图纸上没有明确要对吊耳焊缝进行无损检测，或没有明确检测方法；②设计图纸上没有明确吊耳焊缝的焊接工艺；③吊耳及吊耳加强板用材料没有质量证明书；④吊耳材质与其所焊工件材质没有做到相同或相近；⑤吊耳没有与设备整体进行热处理。

图5–32 吊耳焊缝未经检验没有检测报告

风险源点 汽车起重机起重性能表没有注明起重机型号和生产厂名称，会误用起重性能表，见图5–33。

风险分析 不同型号和生产厂的汽车起重机，在一定的工作半径和主臂长度下，对应额定起重量各不相同。如果吊装方案中所附性能表不是现场实际用车的性能表，吊装时很容易造成起重机倾翻。

风险防范 到吊装现场，核准起重机实际工作半径，以及所需要的吊臂长度，通过性能表查出起重机实际工况下的额定起重量，再与被吊工件的实际重量对比，以此确定起重作业安全性。

同类风险 起重性能表没有注明以下内容：①是否配重及配重多少；②支腿是半伸还是全伸；③起重机侧向吊装还是后向吊装；④是主臂性能还是副臂性能；⑤是折臂还是倾翻决定的额定起重量。

120 吨汽车起重机起重性能表

以下工况仅供参考，实际请与本公司业务员联系！

工作半径(m)	主臂长度(m)												
	12.6	12.6	16.6	20.6	24.5	28.5	32.5	36.5	40.5	44.5	48.5	52.5	56.0
3	120	111											
3.5	107	102	92										
4	95	94	88	81	69								
4.5		86	82	75	66								
5		79	76	70	62	51							
6		66	66	62	55	49	40						
7		56	56	55	49	44.5	38	32	23.6				
8		48.5	48	47	44	40	38.5	32	22.1	20.1			
9		42	41.5	40.5	40	36.5	32.5	29.8	21.3	19.9	15.8		
10		37	36.5	35.5	35.5	33.5	30.5	27.9	21.3	19.7	15.8	14.9	12.6

图5–33 汽车起重机起重性能表没有注明起重机型号和生产厂名称

风险源点 利用麻绳吊装钢板，见图5–34。

风险分析 钢板上开孔的吊点锋利，麻绳强度不足，容易被磨断，钢板从高空坠落，人员伤亡，或者损坏设备。

风险防范 选用钢丝绳，在吊点锋利处加护垫。

同类风险 ①选用直径过小的钢丝绳；②吊钢管时，选用直径过大的钢丝绳，造成钢丝绳在钢管上滑动。

图5–34 利用麻绳吊装钢板

- **风险源点** 汽车起重机支腿半伸，起重能力大大降低，见图5–35。
- **风险分析** ①汽车起重机支腿半伸，起重能力大大降低；②采用侧向吊装而不是后向吊装，起重能力大大降低；③吊装半径比较大且吊臂伸出较长。三种风险同时出现，并且具有累加性，很容易造成起重机倾翻。
- **风险防范** ①全伸支腿；②选用更大能力的起重机；③有条件尽可能采用后向吊装；④有条件尽可能站近吊装，以减小吊装半径。
- **同类风险** ①起吊后擅自将吊臂伸长，造成起重机倾翻；②起吊后擅自将吊臂下落，造成起重机倾翻；③吊装半径过小，造成被吊物与吊臂发生碰撞；④吊臂顺风回转速度过快，造成起重机倾翻。

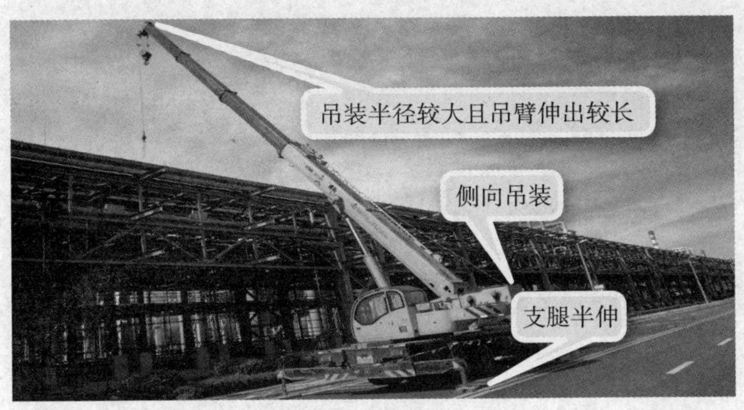

图5–35 汽车起重机支腿半伸

- **风险源点** 吊装锁扣没有上满丝扣，见图5–36。
- **风险分析** 起吊后锁扣断裂，重物坠落。
- **风险防范** ①吊装锁扣必须上满丝扣；②起吊前起重工要检查吊绳、锁扣。
- **同类风险** ①钢丝绳绳套插接的部位松散、呈灯笼状；②锁扣出现裂纹、变形。

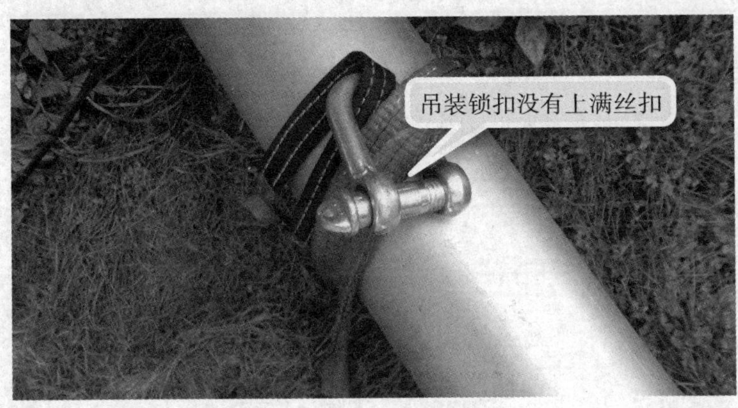

图5–36 吊装锁扣没有上满丝扣

第六章

动土作业安全风险分析与控制

在石油化工厂内，进行动土作业，如果没有做好安全分析与控制工作，一是会损坏埋地管线、埋地电缆等地下设施，导致发生燃烧爆炸事故或者人员触电事故；二是会造成土方坍塌，导致发生人员伤亡事故或者设备倾翻事故。下面说明动土作业安全风险分析与控制方法。

第一节 动土作业设备设施安全风险分析与控制

风险源点 开挖土方，导致照明灯杆坍塌，见图6-1。

风险分析 ①人员触电；②灯杆砸到人。

风险防范 ①开挖过程中同步做好护壁；②不在开挖点边缘堆土。

同类风险 开挖桩孔、基坑、沟槽，没有及时设置护壁，出现坍塌。

图6-1 开挖土方导致照明灯杆坍塌

风险源点 开挖土方，导致设备立柱基础出现裂缝，见图6–2。

风险分析 遇下雨，基坑底部积水，加上从地面裂缝向地下渗水，形成张力，设备立柱会轰然倒塌。

风险防范 ①开挖过程中同步做好支撑护壁；②经常检查地面是否出现裂缝，特别是下雨天气。

同类风险 在设备设施基础近处开挖基坑、沟槽，没有做风险分析，没有及时支护，先行掏空底部土方。

图6–2 开挖土方导致设备立柱基础出现裂缝

风险源点 现场堆土埋压消防水炮开关，见图6–3。

风险分析 埋压消防水炮开关，遇到火灾，难以开启消防水炮灭火。

风险防范 清除堆土，保证消防水炮能顺利开启。

同类风险 ①在消防炮、消防栓处，堆放材料、设备，致其不能投用；②在施工中没有保护好、损坏消防炮、消防栓；③在施工中,将消防炮、消防栓密封围蔽、隔离起来；④在施工中未经批准擅自拆除、移动消防炮、消防栓。

图6–3 现场堆土埋压消防水炮开关

风险源点 开挖基坑用潜水泵的电源电缆破损，用塑料套管包裹，绝缘不良，会造成漏电和人员触电，见图6–4。

风险分析 开挖基坑的作业点，一般都有积水或者十分潮湿，若出现漏电，自动保护开关不动作，会造成基坑内作业人员群死群伤事故。

风险防范 采用整条电缆线，不能有破损，不能有中间接头。

同类风险 ①在开挖基坑的现场作业，电焊机采用有中间接头的电源线、焊把线和地线；②在开挖基坑的现场作业，配电箱采用有中间接头的电源线。

图6–4 开挖基坑用潜水泵的电源电缆破损

风险源点 6000V高压电源电缆横穿开挖基坑、桩基现场，见图6–5。

风险分析 开挖基坑的作业现场，有6000V大电流高压电源电缆，若受到汽车、履带钩机碾压，其危险远远大于常用的380V、220V电源电缆，可能会造成基坑内作业人员群死群伤事故。

风险防范 将6000V高压电源电缆迁移至动土开挖区域范围外。

同类风险 ①将高压电源电缆横穿路面，或者设置在人员多活动的场所；②将高压电源电缆埋地穿越路面，但是不加套管保护。

图6–5 高压电源电缆横穿动土开挖现场

风险源点 动土开挖出的不明电源电缆随便裸露铜线，见图6–6。

风险分析 不明电源电缆随便裸露铜线，不处理，若突然送电，会发生人员触电事故。

风险防范 应验电确认不带电，查清线路来源，将线路彻底清理出现场，或者先临时作绝缘包扎。

同类风险 动土开挖的过程中，挖出不明埋地管线不报告，不查清管线来源，擅自作破坏处理，造成发生众多人员硫化氢中毒事故，或者发生基坑内火灾爆炸事故。

图6–6 动土开挖出的不明电源电缆随便裸露铜线

风险源点 在开挖桩基现场，桩基井口没有加盖保护罩，图中人员很容易就坠下10m深井，见图6–7。

风险分析 在开挖桩基现场，活动、作业人员众多，或许有人员退却一步，即会坠下深井。

风险防范 在桩基井口没有加盖钢筋网保护罩，作业前、中、后全过程检查钢筋网保护罩。

同类风险 ①保护罩过小；②随便用杂物覆盖井口，防护不足反成陷阱；③打开保护罩后没有及时复位。

图6–7 桩基井口没有加盖保护罩

风险源点 在开挖基坑现场，临时搭桥不牢固，不能经受多人多次踩踏，见图6–8。

风险分析 在开挖基坑现场，活动、作业人员众多，人员踩至桥边，临时桥会侧翻，坠下3m深坑。

风险防范 加宽桥面，桥面底部增加支撑梁，人员踩过桥面，不能出现晃动现象。

同类风险 ①在基坑内搭设的临时脚手架、活动脚手架要牢固，脚手板要绑扎；②在基坑内安装的桩基钢筋混凝土、桩基模板，要支护牢固，防止倾翻；③挖出的埋地管线，失去泥土支撑，要增加临时支撑。

图6–8 开挖基坑现场临时搭桥不牢固

第二节 动土作业现场管理安全风险分析与控制

风险源点 用钩机开挖土方，直接挖至钩斗利啮可触及埋地管线，见图6-9。

风险分析 钩斗沉重，有尖锐的利啮，若埋地管线出现腐蚀减薄，将会被挖穿、挖断。

风险防范 在有埋地管线的部位，改用人工开挖。

同类风险 在已经暴露出埋地管线走向及其埋地深浅的情况下，用钩机继续开挖，突然，埋地管线未完全暴露的部分出现分支管线，或者埋地由深变浅，钩机就会意外挖损管线。

图6-9 在有埋地管线的部位用钩机开挖

风险源点 用钩机开挖土方，钩斗利齿几乎触及地面的高压电缆，见图6-10。

风险分析 钩斗沉重，有尖锐的利齿，若挖损高压电缆，将会发生钩机驾驶员触电事故。

风险防范 移开高压电缆，或者改用人工开挖。

同类风险 钩机挖损埋地电力电缆、埋地通信电缆。

图 6-10 在有高压电缆的部位用钩机开挖

风险源点 同时同地进行钩机与人员交叉作业，见图6-11。

风险分析 钩斗转动，或者钩机侧翻，造成进行人工作业的人员伤亡。

风险防范 在窄小的空间内，钩机与人员错时作业；作业空间够大时，进行人工作业的人员远离钩机作业。

同类风险 车辆向基坑边缘倒运材料，没有指挥人员，造成基坑内人员被材料砸伤，或者车辆翻入基坑内。

图 6-11 钩机作业与人员作业同时同地进行

风险源点　带有接线头的潜水泵电缆很容易就掉入水中，见图6–12。

风险分析　电缆驳接的接线头，绝缘不良，掉入水中，出现漏电，会发生人员触电事故。

风险防范　潜水泵采用整条电缆，不带中间驳接头；电缆外表不能受到损伤。

同类风险　将配电箱放在基坑内，基坑内积水，配电箱侧翻，人员触电。

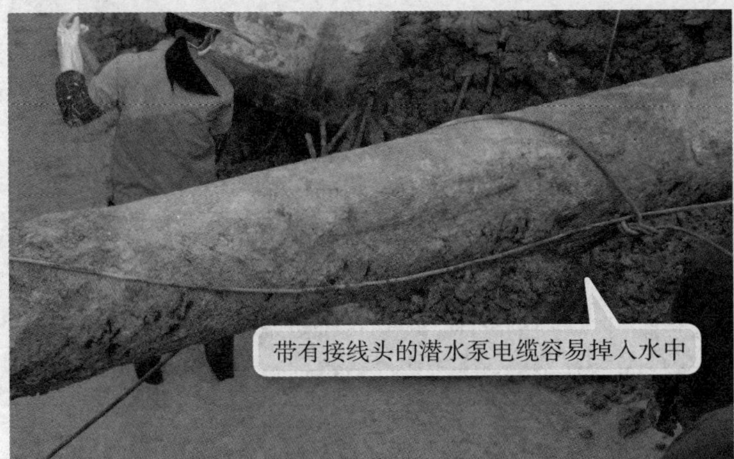

图6–12　带有接线头的潜水泵电缆很容易就掉入水中

风险源点　开挖深基坑没有设置护坡，见图6–13。

风险分析　没有设置护坡，基坑壁容易坍塌。

风险防范　有空间位置尽可能将基坑壁挖成斜面。

同类风险　基坑壁的地面出现裂缝，仍然在基坑壁的底部开挖。

图6–13　开挖深基坑没有设置护坡

风险源点 开挖深基坑没有挖出供人员上下的梯级，见图6–14。

风险分析 人员上下基坑容易摔倒，摔倒至基坑内的桩头钢筋头受伤；不利于紧急情况下人员撤出基坑。

风险防范 在不同方向的基坑壁，至少开挖出两个上下基坑的梯级。

同类风险 上下基坑的梯级过于陡峭，或者梯级很容易使人员打滑。

图 6–14 开挖深基坑没有挖出供人员上下的梯级

风险源点 基坑边缘底部被挖空，基坑边缘地面出现“盖顶”，如同陷阱，基坑边缘地面若有人员踩踏会塌陷，见图6–15。

风险分析 基坑边缘地面经常有人员站立或者行走，若1人行走不蹋陷，偶然间，有2人同时在此站立，就塌陷了，必然造成人员伤亡。

风险防范 挖除基坑边缘地面的“盖顶”，消除陷阱。

同类风险 上下基坑的梯级过于陡峭，或者梯级很容易使人员打滑。

图 6–15 基坑边缘地面若有人员踩踏会蹋陷

风险源点 人员用风镐在基坑进行破桩头的动土作业，不佩戴护目镜，见图6-16。

风险分析 用风镐破桩头时，混凝土碎片飞入眼睛，伤害眼睛。

风险防范 用风镐作业时佩戴护目镜。

同类风险 用切割机在混凝土路面切割伸缩缝，不佩戴护目镜；操作金属切割机、砂轮切割机、木材切割机，不佩戴护目镜。

图6-16 人员用风镐动土作业不佩戴护目镜

第七章

现场基础管理安全风险分析与控制

如果没有加强施工作业现场基础管理工作，就会到处险象横生，时刻充满着危险。下面对施工作业现场基础管理安全风险分析与控制方法加以说明。

第一节 施工作业现场环境安全风险分析与控制

风险源点 自行车放在施工场所，见图7-1。

风险分析 阻碍施工作业，影响现场文明。

风险防范 划定存放点，集中存放。

同类风险 ①施工用机动车、板车乱停乱放；②在没有办理进车许可证的情况下，开车进入装置区内。

图7-1 自行车放在施工作业场所

风险源点 厂内驾驶车辆，车速过快，见图7-2。
风险分析 发生厂内交通事故。
风险防范 道路上限速每小时20公里，装置内限速每小时10公里。
同类风险 道路上没有设置限速牌；在道路转弯处、出入口处，存在视线死角，难以看清人员和车辆。

图7-2 厂内车辆车速过快

风险源点 钢管加垫不稳固，将会从高处滚落，见图7-3。
风险分析 钢管容易从高处滚落，伤及人员。
风险防范 ①加大加厚垫板；②从多点加垫。
同类风险 ①钢管叠放成堆，底部加垫不稳固，造成整堆钢管坍塌滚动；②钢管放在倾斜地面上造成滚动；③钢管放在高层平台临边部位，受到误碰触后滚动并从高处坠落。

图7-3 钢管容易从高处滚落

风险源点 施工机具、材料占用道路，见图7-4。

风险分析 ①阻塞厂内交通，严重的会影响消防车通行；②没有达到现场文明施工要求。

风险防范 清除路面的施工机具、材料、设备等障碍物，保持道路畅通。

同类风险 ①在道路上堆放大型钢结构件、大型设备；②未经审批开挖道路阻碍车辆通行。

图7-4 施工机具材料占用道路

风险源点 施工完成后没有挂好平台直梯口的防护链条，见图7-5。

风险分析 没有挂好直梯口的防护链条，人员从梯口高处坠落。

风险防范 不能擅自摘除直梯口的防护链条，人员进出梯口后，要立即恢复挂好防护链条。

同类风险 ①直梯口的防护链条缺失；②直梯口没有设置高出平台1.2m的护栏或者护笼。

图7-5 施工完成后没有挂好平台直梯口的防护链条

风险源点 施工现场安全警示标志牌褪色不清晰，见图7-6。

风险分析 ①对人员没有起到警示作用；②影响施工现场文明。

风险防范 设置清晰的安全警示标志牌。

同类风险 ①没有将安全警示标志牌设置在显眼的位置；②安全警示标志牌安装不牢固；③安全警示标志牌的内容不切合现场作业安全实际。

图7-6 施工现场安全警示标志牌褪色不清晰

风险源点 裤子挂晒在施工现场，见图7-7。

风险分析 施工现场不文明。

风险防范 每天检查现场，清理现场卫生，保持现场整齐美观。

同类风险 ①现场施工工具、机具、材料、设备摆放零乱；②现场包装物、易燃物乱堆乱放；③现场排液、排油、排污，卫生状况不良，由此带来不安全因素。

图7-7 裤子挂晒在施工现场

风险源点 在球罐施工中，防护铝皮安装不牢固，受风吹容易坠落，见图7-8。

风险分析 ①防护铝皮坠落砸伤人员；②不美观。

风险防范 ①采用整齐完好的铝皮；②铝皮采用多点固定方式；③铝皮与其支架紧贴安装。

同类风险 ①大风大雨前、后，没有检查和加固铝皮、支架及其相关脚手架；②施工完成后没有及时拆除防护铝皮、脚手架；③采用易燃材料，如彩条布等，进行围蔽防护，引发火灾。

图7-8 球罐施工防护铝皮

风险源点 水沟盖板支承边宽不足，遇到人员踩踏，盖板会塌陷，见图7-9。

风险分析 人员踩踏，盖板塌陷，造成腿部、足部受伤。

风险防范 重新安装盖板，做到盖板纵向两侧有坚固的、足够宽度的支承面。

同类风险 ①水沟盖板缺失；②水沟盖板强度不足，不能承受车辆碾压；③水沟盖板安装不整齐、不平整，有空洞或者会拌脚。

图7-9 装置周边水沟盖板支承边宽不足

风险源点 临边放置物件，拉动电源线、搬动材料机具设备、人员误碰触，容易发生高空坠物，见图7–10。

风险分析 高空坠物，造成人员伤亡。

风险防范 ①在临边设置挡脚板；②避免在临边放置物件；③在高处作业点下方地面拉设警戒线，防止人员进入危险区。

同类风险 在高处临边放置电焊机、切割机、手持电动工具、电焊工用防护面罩、筒装焊条、火焊火割用气瓶、容易滚动的钢管等。

图7–10 施工现场临边放置物件

风险源点 木板掩盖10m深井不牢固，反而变成陷阱，比不掩盖让其暴露开口更危险，人员误踩空，必然会坠下深井，见图7–11。

风险分析 人员误踩空，坠下深井，造成伤亡。

风险防范 用钢筋焊接护盖，盖在井口。

同类风险 ①井口没有设置护盖；②打开护盖后没有及时复位；③护盖尺寸过小，导致其支承在井口边缘不牢固，人员误踩空；④在开挖井口的区域没有拉设警戒线，无关人员随便进入。

图7–11 木板盖井不牢固人员误踩空坠下深井

风险源点 人员进出封闭管理区域不关门，封闭管理形同虚设，见图7–12。

风险分析 人员随便进出封闭管理区域，带来不安全因素。

风险防范 人员进出封闭管理区域，严格执行关门和刷卡进入制度。

同类风险 门禁系统损坏不及检修。

图7–12 人员进出封闭管理区域不关门

风险源点 施工区出口道路中心堆放沙土，减小了过往大型重车的转弯半径，见图7–13。

风险分析 造成大型运输车辆侧翻。

风险防范 清开道路障碍物。

同类风险 ①出口转弯处路面出现坑洼不平；②道路出口转弯处的视线被遮挡；③修建道路时在转弯处设置的转弯半径过小。

图7–13 施工区出口道路中心大量堆放沙土

风险源点　多名作业人员不参加作业前安全讲话会，见图7–14。
风险分析　不参加作业前安全讲话会人员不清楚当天、当次作业的安全要求和注意事项，会造成事故发生。
风险防范　所有参加施工人员都要参加作业前安全讲话会。
同类风险　作业前向作业人员交底不清楚。

图7–14　多名作业人员不参加作业前安全讲话会

风险源点　拆除防护栏后没有设置警戒线，人员从高处坠落，见图7–15。
风险分析　人员从高处坠落，造成伤亡。
风险防范　及时拉设警戒线。
同类风险　①在特别危险、人员多的高处，拆除防护栏，没有设置临时硬隔离设施，只是设置警戒线；②拆除防护栏，没有设置警戒线，只是挂设警示牌；③设置警戒线，但没有维护好，经常脱落。

图7–15　拆除防护栏后没有设置警戒线

风险源点 角钢切口压住电缆，电缆表层被锋利切口刺穿，出现漏电，见图7-16。

风险分析 ①电缆表层被刺穿漏电，造成人员触电；②损坏电缆；③因漏电自动保护动作停电。

风险防范 ①电缆摆放整齐有序；②日常作业、检查要注意电缆受保护情况。

同类风险 ①焊割用气管被尖锐、锋利物刺穿，或受到重压开裂，出现漏气、爆燃；②电缆、气管受到焊渣、焊瘤、焊枪烧灼，损坏；③设备、材料、电缆、气管、机具、气瓶、易燃物无规则，乱摆乱放。

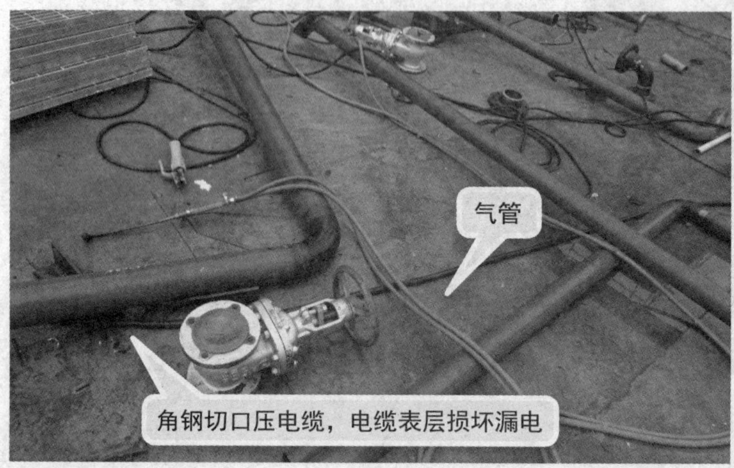

图7-16 角钢切口压电缆，电缆表层损坏漏电

风险源点 装卸车时打开车厢边护栏占用道路，见图7-17。

风险分析 车辆通过，碰撞车厢边护栏，造成交通事故。

风险防范 紧挨车厢边固定护栏，防止护栏伸出，占用道路。

同类风险 ①车厢边护栏没有固定好，在行车过程中突然弹出；②车厢边护栏连接件损坏、不齐全；③在道路上停车时，打开车门，占用道路。

图7-17 装卸车时打开车厢边护栏占用道路

风险源点 安装管线施工区域没有设置警戒线，见图7-18。

风险分析 没有设置警戒线,人员通过装置中间通道，受到伤害。

风险防范 设置警戒线，派出现场监护人员。

同类风险 ①没有四周拉设警戒线，留出开口；②拉设警戒线范围过大、过小，或者没有拆除警戒线。

图7-18 装置内安装管线施工区域没有设置警戒线

风险源点 高处平台有铝皮非固定浮置物，受到风吹，到处乱飞，见图7-19。

风险分析 高处浮置物，受到风吹，出现高空坠物，或者到处乱飞，碰撞损坏设备。

风险防范 清除施工现场浮置物。

同类风险 ①大风大雨前，没有清除地面、高处的浮置物；②施工后没有做到工完料净场地清；③在地面、高处放置有油桶、油漆桶、绝热施工用桶等空桶，没有固定，遇风吹滚动，损坏设备。

图7-19 高处平台有铝皮非固定浮置物

风险源点 道路上空出现手动葫芦吊装倒链下坠，占用道路路面以上空间，见图7–20。

风险分析 ①车辆通过，误拉动倒链，将拉断管廊上的管线；②误拉动，损坏罐车车顶附件，造成泄漏。

风险防范 收起下坠的倒链，并且在管廊高处放置、固定好。

同类风险 ①在跨道路的管廊上空，脚手架管悬空下坠；②在跨道路的管廊上空，电缆槽盒内的电缆线悬空下坠。

图7–20 道路上空出现手动葫芦吊装倒链下坠

风险源点 围蔽施工区域阻挡视线，看不到侧向来车，见图7–21。

风险分析 看不到转弯处来车，造成交通事故。

风险防范 拆除密封式围蔽，改为网状围蔽。

同类风险 ①在转弯处停放大型过高车辆；②在转弯处道路两侧存放大型设备；③没有设置“当心来车”警示标志牌。

图7–21 围蔽施工区域阻挡视线，看不到侧向来车

风险源点 现场堆放大量可燃物，见图7–22。

风险分析 现场堆放大量可燃物，遇施工用火火源，发生火灾事故。

风险防范 及时清除装置现场可燃物。

同类风险 ①装置现场有不必要存放的油桶、油漆桶；②装置地沟残存有大量可燃液体。

图7–22 现场堆放大量可燃物

风险源点 烈日下高空作业，没有防暑措施，见图7–23。

风险分析 烈日下高空作业，没有防暑措施，容易中暑，且是直梯设置，难以将中暑人员转移至地面救治。

风险防范 ①人员轮换作业；②带上充足饮用淡盐水到达高处；③在高处设置遮阳设施；④有将高空中暑人员转移至地面救治的应急措施。

同类风险 在烈日曝晒地面、高温场所、空气不流通处或封闭空间作业的人员，没有采取防中暑措施。

图7–23 烈日下高空作业容易中暑

风险源点 没有恢复损坏的道路，见图7–24。

风险分析 道路坑洼不平，出现浮石，罐车通过，罐内液体偏移，改变罐车重心，造成罐车倾翻。

风险防范 施工损坏道路及时修复。

同类风险 ①道路沙井盖板缺失或者强度不足；②开挖道路没有设置警戒线、警戒灯、警示牌；③道路施工没有设置“前方施工，车辆慢行”、“前方施工，车辆绕道行驶”警示牌。

图 7–24 没有恢复损坏的道路

风险源点 铁路上有杂物，见图7–25。

风险分析 铁路上有杂物，阻碍火车通行，火车侧翻。

风险防范 ①清除铁路上杂物；②经常检查厂内铁路，保持铁路畅通；③大风大雨过后检查厂内铁路。

同类风险 ①开挖土方，造成铁路坍塌；②在厂内铁路与道路交叉处停放车辆；③在厂内铁路与道路交汇点，没有设置“当心铁路来车”的警示牌。

图 7–25 铁路上有杂物

- **风险源点** 人员站在管沟内，钢管支撑不牢，容易被钢管砸伤，见图7-26。
- **风险分析** 人员站在管沟内，钢管坠入沟中，造成伤亡。
- **风险防范** ①管沟周围已经支撑钢管，人员不能擅自进入管沟内；②用手动葫芦将钢管支吊牢固。
- **同类风险** 设备就位时，人员将手伸入接合面，或者身体部位进入、伸入窄缝空隙。

图7-26 人员站在管沟内，容易被钢管砸伤

- **风险源点** 施工现场脚手架竹排曾经被烧着，见图7-27。
- **风险分析** 采用“满堂红”方式搭设的脚手架，或者利用竹排作为上、下层交叉作业的硬隔离保护层，或者利用竹排作为人行通道上方的硬隔离保护层，都大量、大面积地用到竹排，容易被焊渣引燃。
- **风险防范** ①用水淋湿；②现场备好灭火器、消防水枪、水炮；③人员重点监护。
- **同类风险** ①由于拆装设备作业，易燃物料洒落到竹排；②受天气作用，竹排十分干燥；③竹排的竹子已开裂、已腐烂，有细枝、细丝；④施工时有大量焊渣、焊瘤落在竹排上。

图7-27 施工现场脚手架竹排曾被烧着

第二节

施工作业现场设备设施安全风险分析与控制

风险源点 砂轮切割机防护罩缺失螺母，见图7-28。

风险分析 防护罩防护不良，伤及人员。

风险防范 砂轮切割机防护罩固定良好。

同类风险 ①砂轮切割机附件缺失、不完好；②砂轮切割机电源线破损；③砂轮切割机没有防护罩。

图 7-28 砂轮切割机防护罩缺失螺母

风险源点 储罐围堰区内施工，收工后不撤出电源线和焊枪，见图7-29。

风险分析 收工后，在储罐围堰区内有电源线和电焊枪，可能会产生漏电或电焊枪短路出现火花。

风险防范 收工后，完全将电源线和电焊枪清出储罐围堰区外。

同类风险 ①将火焊火割用气瓶、配电箱置于围堰区内施工；②下班后没有在上一级配电箱切断电源。

图7-29 罐区施工，收工后不撤出电源线和电焊枪

风险源点 钢板重压生产运行中的管线，见图7-30。

风险分析 管线受到钢板重压，特别是平台上常年振动的钢管，会在弯头、焊缝处出现裂纹。

风险防范 将钢板放置平台上，不压管线。

同类风险 钢板压住施工用电缆电源线、气焊气割用管线。

图7-30 钢板重压生产运行中管线

风险源点 施工现场出现断绳要查明原因，见图7–31。

风险分析 没有查明原因，没有采取相应措施，还会出现相同、类似事故。

风险防范 当作事故看待，认真分析原因，举一反三，采取相应措施，如更换为钢丝绳。

同类风险 施工现场出现吊钩、吊耳、吊架断裂损坏。

图7–31 施工现场出现断绳要查明原因

风险源点 厂内车辆运输超高，见图7–32。

风险分析 车辆运输超高，容易碰撞道路上方的管廊、管架、电缆桥架。

风险防范 先计划好运输车辆经过的路线，提前到现场检查各限高点。

同类风险 将钩机放置于平板车上运输，导致超高。

图7–32 厂内车辆运输超高

风险源点 厂内车辆运输超宽，见图7–33。

风险分析 车辆转弯、靠边行走时，碰撞道路边缘的路灯杆、消防栓。

风险防范 先计划好运输车辆经过的路线，提前到现场检查各路段道路边缘障碍物的情况。

同类风险 车辆超长道路运输。

图7–33 厂内车辆运输超宽

风险源点 车辆运输货物没有固定，见图7–34。

风险分析 车辆行走中，货物从车上坠落。

风险防范 ①加装车厢边护栏；②用绳子绑扎固定货物。

同类风险 人在货物上随货运输。

图7–34 厂内车辆运输货物没有固定

石油化工厂施工作业安全风险分析与控制

风险源点 多人协同铺设电缆，指挥人员未到位，见图7-35。

风险分析 ①人员从高处坠落；②没有指挥人员，不能协同、有秩序地进行铺设电缆作业。

风险防范 在指挥人员指挥下作业。

同类风险 高处铺设电缆作业人员没有系安全带。

图7-35 多人协同铺设电缆指挥人员未到位

风险源点 跨道路管廊上空留有未固定钢管，钢管受到振动、误碰触、风吹，会从管廊坠落至地面，见图7-36。

风险分析 未固定的钢管从管廊坠落至地面，造成人员伤亡。

风险防范 ①将钢管从管廊上空取下至地面；②在管廊上将钢管绑扎固定。

同类风险 ①在管廊上遗留有施工余料没有转移至地面；②在管廊上遗留有油漆桶、脚手架管、脚手板没有转移至地面；③在管廊上没有放置好电钻、磨砂机、焊割枪等施工机具，掉落至地面。

图7-36 跨道路管廊上空留有未固定钢管

风险源点　电缆盘放置防滚动堵塞过小，电缆盘受到误碰撞、风吹会滚动，见图7–37。

风险分析　电缆盘突然滚动，碰撞到人员，造成伤亡。

风险防范　电缆盘左右两侧滚动都加大、加长防滚动堵塞。

同类风险　①将电缆盘放置在倾斜地面；②移动电缆盘，碰撞到另一个电缆盘。

图7–37　电缆盘放置防滚动堵塞过小

风险源点　焊件欠缺临时支撑，见图7–38。

风险分析　焊件欠缺临时支撑，弯头处外加应力集中，严重时造成弯头焊缝裂纹。

风险防范　加设临时支撑。

同类风险　①安装悬空长管线，没有视情况加设临时支撑；②安装大型阀门，没有视情况加设临时支撑。

图7–38　焊件欠缺临时支撑

风险源点 平台集中承重过大，见图7-39。

风险分析 ①平台变形，造成挤压、拉伸到相关的设备管线；②压塌平台。

风险防范 分散堆放管材。

同类风险 在悬空斜撑的平台上堆放大量管材、板材、钢结构用型材。

图7-39 平台集中承重过大

风险源点 换热器倒淋被碰撞弯曲，见图7-40。

风险分析 造成泄漏。

风险防范 倒淋被碰撞弯曲，立即报告，采取补救措施，吸取教训，避免同类事故发生。

同类风险 ①新安装设备受到损坏，不报告；②新安装设备有缺陷，不报告，继续施工成为隐蔽工程。

图7-40 运行中换热器倒淋施工时被碰撞弯曲

风险源点 脚手架管伸出装置通道中间，见图7–41。
风险分析 脚手架管伸出装置人行通道中间，碰撞人员头部。
风险防范 脚手架管不伸出、不占用装置人行通道。
同类风险 脚手架或脚手架管搭设，阻塞装置平台、设备、管廊的直梯口、斜梯口及其他人行、应急通道。

图7–41 脚手架管伸出装置通道中间

风险源点 手动葫芦吊装倒链挂在仪表箱，见图7–42。
风险分析 倒链受到外力拉动，损坏仪表箱内管线和仪表。
风险防范 吊装倒链不能挂在仪表箱之类脆弱的部位。
同类风险 ①将吊装倒链挂在仪表风管、引压管上；②将吊装倒链挂在电气设备、电缆线路上；③将吊装倒链缠绕在人手上、身上进行拉动。

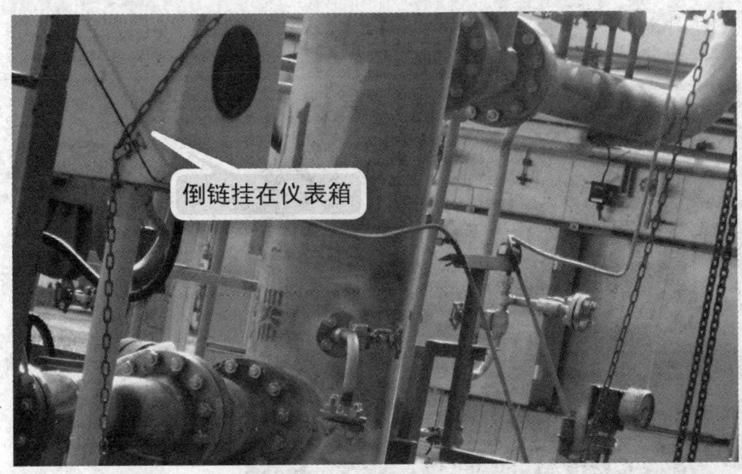

图7–42 手动葫芦吊装倒链挂在仪表箱

风险源点 吊装用绳子将断，没有清理出现场，见图7–43。

风险分析 人员顺手取用了受损将断的绳子，造成吊装事故。

风险防范 出现受损将断的绳子，立即清理出现场，禁止使用。

同类风险 ①表层受损的电缆导线，没有清理出现场；②有故障、已损坏、漏电、漏气、漏油的施工机具、施工设备、车辆，没有清理出现场，或者继续使用；③不合格的脚手架，没有拆除或整改。

图 7–43 吊装用绳子将断没有清理出现场

风险源点 自制简易工具，吊支架、吊环强度不足，见图7–44。

风险分析 吊装时重物坠落，造成人员伤亡。

风险防范 ①不能随便自制简易工具用于施工现场；②确需自制简易工具，要标明强度值，如可起重量。

同类风险 ①自制梯子、活动脚手架用于施工现场；②自制吊板、吊笼、吊钩用于施工现场。

图 7–44 自制简易工具强度不足

- **风险源点** 球罐用大量易燃彩条布遮盖，见图7-45。
- **风险分析** 球罐用大量彩条布遮盖，在干燥、高温天气，遇施工火源，引发火灾。
- **风险防范** ①杜绝用火；②用难燃帆布遮盖。
- **同类风险** ①电焊机为了防雨，用塑料布遮盖，遇电焊机插口高温源，塑料布被引燃；②现场堆放材料、催化剂，用易燃物遮盖，遇施工火源，引发火灾。

图7-45 球罐用大量易燃彩条布遮盖

- **风险源点** 叉车破损，线路裸露，见图7-46。
- **风险分析** 造成交通事故。
- **风险防范** ①检查、维护车辆；②报废车辆。
- **同类风险** ①厂内车辆没有装设好防火罩；②厂内车辆安全装置不写完好，如刹车装置、转向装置、鸣笛装置、转向灯、照明灯有故障。

图7-46 叉车破损，线路裸露

风险源点 纸箱内装重物，纸箱不牢固，重物会散落地面，见图7–47。

风险分析 纸箱底面不能承重，从地面传送中，重物会散落地面，造成人员伤亡，或损坏设备。

风险防范 用吊蓝装重物，用滑轮将重物从地面传送至塔顶。

同类风险 ①因多次重复、长时间使用滑轮，在塔顶的滑轮连接杆及滑轮固定不良，松动坠落；②在传送中，吊钩被拉直，或者绳扣断开，造成重物坠落。

图 7–47 纸箱内装重物，用滑轮将纸箱从地面传送至塔顶

第八章

个人劳动保护安全风险分析与控制

个人劳动保护，直接关系到人员身体健康和生命安全。下面从个人劳动保护用品和个人劳动保护管理两个方面，说明个人劳动保护安全风险分析与控制方法。

第一节 个人劳动保护用品安全风险分析与控制

风险源点 简易口罩没有防护效果，见图8-1。

风险分析 简易口罩，不能阻挡粉尘微粒进入人体内。

风险防范 采用符合国家标准、行业标准的防护口罩。产品具有生产许可证、合格证。

同类风险 ①口罩破损、变形，密封不良；②防毒口罩使用时间长、潮湿或者吸入浓度高，吸附剂失效，仍然使用；③防毒口罩能防护有毒物的种类、浓度与现场实际有毒物的种类、浓度不相符。

图8-1 简易口罩没有防护效果

风险源点 防护手套破损穿孔，见图8–2。

风险分析 防护手套破损穿孔，没有起到应有的防护效果。

风险防范 ①使用前检查防护手套；②清理淘汰破损穿孔的防护手套，不保留在班房、现场。

同类风险 ①绝缘手套、防酸碱破损穿孔，造成人员伤亡；②手套沾有油污，易滑，遇氧或火源会燃烧；③错误将其他防护手套当作绝缘手套使用。

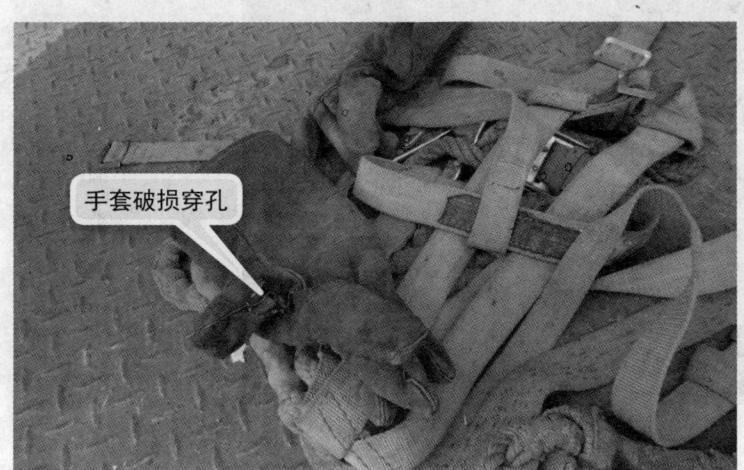

图8–2 防护手套破损穿孔没有防护效果

风险源点 电焊面罩没有装护目镜片，在装镜片部位是空洞的，见图8–3。

风险分析 没有装护目镜片，对焊工眼睛没有保护作用。

风险防范 装设护目镜片。

同类风险 ①主焊工应戴电焊面罩，却戴电焊眼镜代替；②电焊面罩的护目镜片有裂缝。

图8–3 电焊面罩没有装护目镜片

风险源点 安全帽内帽箍断裂，见图8-4。

风险分析 安全帽内帽箍断裂，对人员头部防护功能大大降低。

风险防范 安全帽附件齐全完好。

同类风险 ①安全帽超期使用；②安全帽没有生产许可证、产品合格证、安全鉴定证和LA认证。

图8-4 安全帽内帽箍断裂

风险源点 安全带断开且缺少扣件，见图8-5。

风险分析 安全带断开且缺少扣件，没有防护效果，人员从高处坠落。

风险防范 ①采用有生产许可证、产品合格证、安全鉴定证和LA认证的安全带；②作业前检查安全带。

同类风险 ①用其他绳子、绑带代替专用安全带；②安全带受到焊枪、焊件烧损；③安全带扣件损坏。

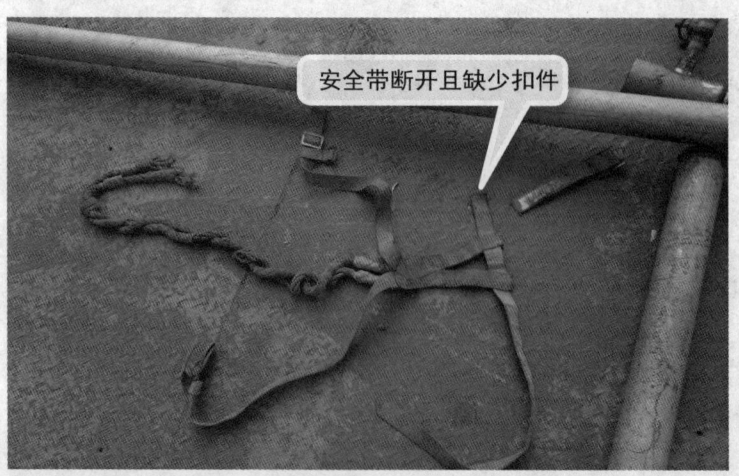

图8-5 安全带断开且缺少扣件

风险源点 佩戴过期失效的安全帽，见图8–6。

风险分析 因老化强度降低，对人员头部没有起到较好的保护作用。

风险防范 按照所执行产品标准和厂方使用说明如期报废更换安全帽。

同类风险 防毒口罩的滤毒盒、防毒面罩的滤毒罐，吸毒过多或者已到有效期，或者吸潮、增重，不更换。

图8–6 佩戴过期失效的安全帽

第二节 个人劳动保护管理安全风险分析与控制

风险源点 操作砂轮切割机，没有戴护目镜，见图8-7。

风险分析 异物射入眼睛，损伤眼睛。

风险防范 操作砂轮切割机戴好护目镜。

同类风险 ①砂轮片安装不牢固、不平衡，破碎飞出；②接用电源，没有做到“一机一闸一保护”。

图8-7 操作砂轮切割机没有戴护目镜

风险源点 操作手持式砂轮切割机没有戴护目镜，见图8-8。

风险分析 异物射入眼睛，损伤眼睛。

风险防范 操作砂轮切割机戴好护目镜。

同类风险 ①砂轮片安装不牢固、不平衡，破碎飞出；②接用电源，没有做到“一机一闸一保护”。

图8-8 操作手持砂轮切割机没有戴护目镜

风险源点 操作风镐没有戴护目镜，见图8-9。

风险分析 异物射入眼睛，损伤眼睛。

风险防范 操作风镐戴好护目镜。

同类风险 操作风镐，粉尘大时，没有戴好防尘口罩。

图8-9 操作风镐没有戴护目镜

风险源点 作业人员不戴安全帽，见图8-10。

风险分析 ①高空坠物，损伤头部，甚至死亡；②人员从高处坠落，损伤头部，甚至死亡。

风险防范 作业人员戴好安全帽。

同类风险 ①作业人员戴安全帽不系帽绳；②作业人员戴简易、轻便安全帽，强度不足。

图8-10 作业人员不戴安全帽

风险源点 戴手套操作钢管套丝机，见图8-11。

风险分析 手套卷入套丝机转动部位，损伤手指。

风险防范 不戴手套操作。

同类风险 ①戴手套操作钻床；②戴手套操作机床。

图8-11 戴手套操作钢管套丝机

风险源点 穿轻便鞋足部防护不当，见图8-12。

风险分析 ①踩到尖锐物，刺伤足底；②重物砸伤足面。

风险防范 穿鞋底防刺，鞋头硬化的有生产许可证、合格证、执行标准的劳保鞋。

同类风险 ①穿有破损、前露脚趾、后露脚跟的鞋；②穿易滑的鞋；③没有根据作业特点，穿防酸碱、绝缘鞋。

图8-12 穿轻便鞋足部防护不当

风险源点 打开油桶盖进行抽油作业，没有戴口罩，见图8-13。

风险分析 油品具有较强挥发性，作业时吸入人体内。

风险防范 根据油品种类，选择相应型号、类型的防毒口罩。

同类风险 ①在油罐、装置区采样点采样，不戴防毒口罩；②对含硫化氢介质采样，没有佩戴空气呼吸器。

图8-13 油桶开盖抽油作业不戴口罩

风险源点　在有毒性粉尘环境，佩戴普通纱布口罩，见图8-14。

风险分析　95%的粉尘没有被隔绝，没有防护效果。

风险防范　佩戴防尘口罩。

同类风险　①在挥发出有毒性气体环境，佩戴防尘口罩；②采用防尘口罩，防护过滤层数不足。

图8-14 佩戴不合适口罩

风险源点　抽油作业，卷起衣袖，皮肤暴露接触油气，见图8-15。

风险分析　皮肤暴露接触油气，有毒物通过皮肤，进入人体内。

风险防范　放下衣袖，尽可能减少人体皮肤暴露的面积。

同类风险　穿着短袖衣服进行接触有毒物的作业。

图8-15 抽油作业时卷起衣袖致皮肤暴露接触油气

风险源点 主焊工电焊作业不戴防护面罩，见图8-16。

风险分析 ①损坏眼睛；②电弧光损伤面部。

风险防范 主焊工电焊作业必须戴防护面罩。

同类风险 ①辅助焊工不戴护目镜；②主焊工电焊作业戴护目镜，不戴防护面罩。

图 8-16 主焊工电焊作业不戴防护面罩

风险源点 高处作业，低挂安全带，见图8-17。

风险分析 意外坠落时，人员下跌幅度大，造成人员伤亡。

风险防范 安全带挂点应与胸部或腰部同高。

同类风险 将安全带挂在强度不足、不能承受人员意外下坠冲击力的位置。

图 8-17 高处作业，低挂安全带

风险源点 戴手套打大锤，见图8-18。
风险分析 戴手套打大锤，容易造成人员没有抓牢大锤手柄，大锤甩出，人员伤亡。
风险防范 赤手打大锤。
同类风险 ①大锤手柄有油污，易滑，手抓不牢；②大锤安装不牢，从手柄脱落；③在大锤甩出方向有人。

图8-18 戴手套打大锤

风险源点 作业人员不穿衣服不穿鞋，见图8-19。
风险分析 ①不文明施工；②暴露的皮肤会更多地吸入有毒物。
风险防范 衣服穿着整齐，穿着劳保鞋，做到衣袖、衣领、衣摆“三紧”。
同类风险 穿着化纤类等易产生静电的衣服。

图8-19 作业人员不穿衣服不穿鞋

第九章

典型事故案例

针对已经发生的事故，要透过事故的现象，深刻认识事故发生的本质，改善管理。下面对100 个、共涉及死亡人数 94 人的事故案例作出短评。

第一节 动火作业安全事故案例

1．污水罐上用火，致1死1伤

2007年1月16日，某公司人员在化工厂内的污水汽提装置污水罐，进行更换楼梯及更换平台板作业。在焊工切割平台时将罐顶钢板割穿，引爆罐内油气，导致罐顶作业的2名施工员1死1伤。

短评：

①危害识别要深入，识别出罐内污水含有油气、罐内带有空气的危险性；②安全交底要清楚，交底出罐壁不能接触火焰，如果罐外壁受到高温，通过传热，罐内温度达到罐内油气的自燃点，会导致罐内油气与空气的混合气发生爆炸；③要有严密的封闭措施，防止火花溅入罐内；④罐上用火，部位准确与否十分重要，差之毫厘，谬之千里；⑤在危险性大的部位用火，应倒空罐、吹扫、罐内检测合格，再用火。

2．更换蒸汽排凝阀，火灾致4人重伤

2008年4月7日，某公司在炼化厂内系统管廊用火施工，更换蒸汽管网排凝阀，用火环境发生闪燃，引发火灾。部分管线在火灾中发生爆裂，可燃物料泄出，导致火灾扩大，4名人员被烧成重伤。

短评：

①用火要检测用火点周围空间环境以及管线内部环境的可燃气体含量，只有在可燃气体含量合格的基础上，再办理用火作业许可证后，才可以用火；

②发生着火后，容易烧损管线、设备和储罐，引发可燃介质泄漏，导致火势加大，务必要注意识别这种二次事故的危害，制定控制措施。③在管线密集的部位，针对管线动火，一定要在动火点的精确部位做出标记，防止出现以下的切割点错误问题：应切割A管线，却在B管线上切割，或者按介质流向，应在管线上盲板后切割，却在盲板前切割，造成切割过程介质泄漏。

3. 使用非防爆工具，爆炸致1人死亡

2008年4月8日，某公司人员在炼化厂内使用非防爆扳手拆卸碱渣罐顶法兰，导致罐内可燃气体闪爆、罐顶被炸开，1名作业人员从罐顶摔下，抢救无效死亡。

短评：

①在有可燃气体空气混合气的环境作业，要使用防爆工具，作业过程不能产生火花；②如果使用非防爆工具，必须经过可燃气体检测合格，并且办理用火作业许可证。

4. 切割罐顶人孔盖螺栓，闪爆致2人死亡

2008年4月28日，某公司在炼化厂施工，增设污水罐氮封线。施工人员使用气焊切割罐顶人孔盖螺栓，明火导致罐内油气闪爆、罐顶撕开，两名作业人员从罐顶摔下，抢救无效死亡。

短评：

①在正常情况下，人孔盖螺栓，可用防爆工具拆卸，拆卸过程不产生火花，不属于动火作业，但是，如果螺栓受到腐蚀等原因，已经不可拆卸，需要改用火焊、砂轮机切割，就属于动火作业，这是一种管理变更，需要重新进行危害识别，并制定安全措施再实施变更。就本案例而言，要识别出以下危害：罐内带有油气可燃气与空气的混合气，如果用火焊切割人孔盖螺栓，明火导致罐内油气可燃气与空气的混合气闪爆；要制定以下安全措施：倒空罐内污水，用水清洗罐内部，对罐进行吹扫置换，检测罐内和罐外周围环境可燃气体合格，办理用火作业许可证。②常压罐内有可燃气体，通常空气要进入罐内是容易的，此时，即使没有火花这些明火进入罐内，仅仅是在罐外壁用火，罐壁没有穿孔，也会导致罐内爆炸，罐外壁产生高温，热传递至罐内壁，罐内壁温度数值升至与罐内可燃气体自燃点数值相同时，爆炸即发生。③类似以上情况的变更还有：原计划管线用螺纹连接（不动火），改为焊接连接（要动火）；原计划管线用法兰连接（在安全预制区将管线与法兰焊接完成，在安装点不动火），改为焊接连接（要动火）；原计划用砂轮机切割（火花没有远飞，火花易灭），改为火焊切割（焊渣飞很远，火花不易灭，焊渣温度高达1000℃以上，能引爆切割点远处或下方的可燃气）。

5. 罐外环境用火，罐内爆炸致1人死亡

2008年9月8日，某公司人员在加油站油罐操作井附近切割人孔盖，将油罐内可燃气体引爆，1名工人受伤、抢救无效死亡。

短评：

在储罐附近外环境用火，要注意以下问题：①周围的污井、沟、池、地漏、排污口要封闭隔绝；②储罐及其管线的对外开口要封闭隔绝，防止火花溅入罐内；③储罐及其管线不能有泄漏。

6. 闪爆导致发生人员坠落，致1人死亡

2011年3月27日，某起重设备有限公司的4名员工在某石化公司环氧树脂事业部盐水车间盐库维修行车。中午休息期间，作业人员为抢进度，私自从值班室取走盐库钥匙后开门继续作业。13时50分左右，4人在行车检修平台（距地面11.3m）上在用气焊加热齿轮过程中，氧气管线泄漏、闪爆。杨某试图跳到距离0.88m处的行车另一侧横梁上，不慎发生坠落，经抢救无效身亡。

短评：

①用火作业前，作业人员要检查氧气软管、乙炔软管及其接头是否漏气，要检查氧气瓶、乙炔瓶是否漏气；②用火作业过程中，要保护好氧气软管、乙炔软管，在现场受焊枪误烧、焊渣焊瘤灼烫、锋利边口摩擦切割、大型设备构件重压，都会造成氧气软管、乙炔软管漏气；③铜制关乙炔瓶阀扳手要放在现场，套在瓶阀上，以便应急关阀；④没有特别情况，不应在非工作时间用火作业；⑤在厂级、车间级、承包商三级安全教育中，教育施工人员没有经车间批准，不能用火作业。

7. 石脑油罐液位计排凝阀火灾事故，致2人烧伤

2010年3月29日19时54分，某石化公司在对3月18日火灾事故后的装置抢修施工中，石脑油罐V2201（容积为91m^{3}存油液位50%，距地面4m高）浮筒液位计排凝阀处发生火灾。3月30日凌晨0时40分火被扑灭。2名承包商施工人员轻度烧伤。

施工人员在石脑油罐附近搬运保温棉过程中，不慎碰撞液位计排污管，造成排凝阀前的内外丝接头崩裂，排污管脱落，大量石脑油泄漏，但没有引起足够重视。挥发出的石脑油组分遇现场周围施工用火被引燃。

液位计排污管设计不合理。长达3.1m的排污管悬挂在液位计下方，底部没有采取任何固定措施。排污管原设计为单头丝短节与浮筒连接，而实际采用的是内外丝接头连接，且只拧进了2～3扣螺纹。

✔ 短评：

①在搭拆脚手架，安装设备、管线、阀门的施工中，或者受到人员踩踏，或者被利用作为手动葫芦吊点，都容易造成细小的仪表管线断裂，导致物料泄漏、仪表误动作，酿成重大事故。因此，作业时必须重点保护仪表管线；②发生泄漏，要马上停止周围火源，禁止车辆通行，疏散无关人员，立即报告上级，用氮气、消防水喷淋驱散可燃气，采取紧急堵漏措施；③装置局部检修，检修点还存有物料，要设置现场警戒线和安全警示标识。

8. 排放热水导致污水系统火灾，死亡1人

2008年9月10日20时，某石化公司化工事业部顺丁橡胶装置后处理4条生产线按计划全部停车。11日8时20分，车间将公用装置现场污水井盖打开，对后处理热水罐、洗涤水罐放水。在热水放水过程中（后处理）发现窨井有热水、油气冒出，立即打开冷却水阀门用生产水进行冷却。9时左右，某环保有限公司进厂装废橡胶，由车间后处理操作工陈某（兼车间铲车工，有上岗证）配合将堆放在污水池南侧的废胶铁箱装车，9时50分左右，污水池现场突然发生火灾，出动25台战斗车辆扑救，10时19分控制住火势后，消防人员进入现场施救，发现处于污水池东北角的陈某，经抢救无效死亡。

✔ 短评：

①不能往装置污水系统排入高温水、热水，这样会导致污水系统内的油气组分受热蒸发，向地面冒出大量可燃气体，从而在装置内空间形成爆炸性混合气体；②车辆进入装置区前，其所要经过的路线，一定要先经可燃气检测合格，并开具进车票；③非防爆叉车不能进入装置区内。

9. 预制管线导致下水井闪爆

2006年2月18日15时30分，某建筑安装工程公司一工区在某石化公司装油车间西罐区压缩机房东面消防路进行压缩机房排水管线预制时，火花引起离施工点约3m远的下水井闪爆，旁边约15m远的1个下水井亦发生闪爆，现场焊工黄亚瑞报了火警，消防气防中心出动了1台消防车，因闪爆后自然熄灭，消防人员到现场后没展开灭火，事故没造成其他影响和损失。

✔ 短评：

①用火施工点15m范围内有污水井，这种情况要办理一级火票，尽管距离装置区很远，都不能开具二级火票；②用火施工点周围的污水井（包括其他与地面相通的地下设施），都要严密覆盖，防止火花掉入井内，引爆井内可燃气。覆盖井口时，一是要覆盖严密，不能透气，不能有缝隙；二是不能用可燃材料，井口周围的干草、杂物要清除干净；③在用火施工过程中，要保

护好井口覆盖物，覆盖物被搬动移开，要立即恢复；④遇污水系统排放量大，要全面检测井口覆盖物是否泄漏透气；⑤即使是很空旷，地面无任何可燃物，远离装置区的区域，如所划定的固定用火区域，看似很安全，但实际上可能会存在地下污水井，这点要吸取教训。

10. 罐区作业割错管线导致火灾

2006年8月10日，某石化公司计划将甲醇罐收料线（*DN*80）割除后改造为甲苯收料线（*DN*150）。10时25分左右，在看火人不在现场的情况下，施工单位指派作业人员用火焊枪错误地将回流线上的一段消压线（*DN*20）法兰螺丝进行切除，实际应该割除收料线。10时32分，当割除法兰第二个螺丝时，管线内二甲苯从法兰处喷出着火。

短评：

①在管线上进行切割作业，切割前，要多人对切割口进行重复确认，并在计划切割部位贴上允许切割标签，以防割错管线或者割错位置；②动火作业一定要有用火监护人在现场，经用火监护人同意，才能动火。

11. 打开容器人孔硫化亚铁自燃

2004年6月8日，某石化公司加氢装置进行停工吹扫后，正在进行容器清扫。装置所有容器人孔已全部打开。22时许，D101顶人孔突然冒出了阵阵青烟，并有火星飞溅。操作工发现后及时打开罐底蒸汽，并用消防水喷淋，火星才慢慢熄灭。

事后检查为D101罐内存在硫化亚铁，在人孔打开的情况下，硫化亚铁自燃。

短评：

①对于本装置，运行中内部积聚有硫化亚铁的设备，车间应列出明细帐，并且每一台设备，都有针对性地制定防止硫化亚铁自燃的措施，检修时，一台一台设备加以实施，将任务落实到具体人员；②停车时，对含硫化亚铁的设备，要根据设备内部桔构、硫化亚铁含量多少、处理干净的难易程度，采取吹扫、蒸煮、钝化措施，防止硫化亚铁自燃；③设备开口后，有空气进入设备内，此时最容易发生硫化亚铁自燃，要立即往设备内注入水、蒸汽、氮气进行保护；④设备开口后，要有人员监测设备温度升高速度与幅度，及时掌握硫化亚铁自燃的情况，采取措施。

12. 装置平台动火下水井爆鸣

1997年6月18日，某车间领导安排脱丙炔塔回流罐V-111脱水阀手阀检修动火，8时30分，车间安全员吴某与厂部检查确认后开出一级火票。9时许，增加平台动火项目，安全员不再另开火票，直接在原回流罐V-111动火票上增加平台开孔项目后交给施工单位和看火人，施工单位在装置东侧二楼平台割漏雨孔。看火人何某发现平台上的施工火花掉到地面上，便叫同班操作工看火，自己便到一楼打开水管，用水喷洒地面。10时40分，火花掉入正下方的下水井，引起12号排污线发生闪爆，位于装置东南角12号线下水井的盖底座被震裂0.5m，井盖被气浪掀起后落入井内。

发生事故后，何某立即通知停止动火，并在水井内通入蒸汽进行保护。

短评：

①临时增加动火项目，不能在原有动火票上多写动火项目内容，要重新开具动火票，由各方人员重新签字确认动火安全条件，才能动火；②在高处动火，要检查地面污水井、沟、池是否严密覆盖，要检查检测处于下层平台或地面的设备、管线、阀门、法兰是否有泄漏。

13．动火拆除换热器导致爆燃火灾，致1人死亡

1998年1月4日，某装置计划整体更换E104A/B、E203换热器。16时许，装置开始停工退油。1月5日8时30分装置退油完毕交施工单位检修。11时检修人员将E203换热器上下封头法兰拆开。14时10分，当起吊E203时发现换热器支耳与平台弹簧支座焊死，需动火割开才能起吊。在开出火票，并派出监护人后，14时50分开始动火施工。15时05分左右，当支座间6面焊缝已割5面，在割除最后一面时，一团火球从法兰处飞出5m远。15时10分消防队接到报警后赶赴事故现场，15时16分扑灭火灾。15时13分气防、医务人员赶到现场抢救。事故中造成5人烧伤，其中1人重伤、3人轻伤。其中受重伤者因伤势过重，经医院抢救无效于1月11日14时36分死亡。

短评：

①动火所涉及到的设备，与其相连的管线，要用盲板有效隔离，并处理干净气体、液体和固体，要注意，并不是气体检测合格就可以动火，因为还有液体和固体可燃，在通风环境，这是无法检测出来的，要专门检查；②在动火点上、下方及周围有开口的设备、管线，一定要视同在这些设备、管线内动火一样进行检测合格，或者先将开口按原样复位盖好后再动火；③涉及大范围的动火，一定要将所有倒淋打开、排净，不能存在死角和吹扫、蒸煮短路的设备、管线；④涉及大范围的动火，在流程上要选取多点进行检测。

14．电焊把线破损短路导致火灾

1999年5月21日，某建设公司安装公司在球罐区管廊进行新加碳五球罐

管线连接的焊接作业。15时10分，在作业过程中，电焊把线破损，且破损处与新增乙烯罐（TK-8000D/E）冷排放线接触，结果造成短路，将材质为不锈钢、厚度为5mm的冷排放管线刺穿，火苗立即从破口处窜出。

看火人见状，立即关闭新排放线与旧排放线的连通阀，并用干粉灭火器将火扑灭。

短评：

①电线、电缆在施工作业环境的摆设，不能跨管线、管廊、马路、化污井；②作业前，施工人员要检查施工机具是否完好、安全。电焊线路是否破损、裸露；电焊机接线柱是否产生高温；气瓶、气管、气枪是否漏气；漏电保护是否能正常工作；手持电动工具是否绝缘良好；照明灯具是否符合防爆、防触电要求。

15．油罐残余气体闪爆，致1人死亡

2008年9月7日，某工程公司对4个油罐人孔盖进行改造。8日15时40分左右，李某某在用气割对法兰盘、管线短管开坡口过程中，引燃油罐内残余气体发生闪爆。李某某头部受伤，经抢救无效死亡。

施工人员严重违反施工安全规定，擅自将油罐内原已注满的水抽出，造成油罐及操作井口油气积聚。动火作业前没有进行检测分析，没有落实相应防范措施，造成闪爆。

短评：

①动火作业前，要先检查原先动火已有的安全措施、设施是否已经改变、是否还能有效保证动火安全；②动火作业过程中，不能擅自乱动用火安全保护设施。如不能拆除盲板、防火墙、防火兜、平台上的防火覆盖层；不能移开污水井盖上的覆盖层；用水封、浸水保护部位，不能排水；封闭的部位不能再打开口。

16．使用非防爆工具闪爆，致1人死亡

2008年4月8日，某建设公司人员在炼化厂内使用非防爆扳手拆卸碱渣罐顶法兰，导致罐内可燃气体闪爆、罐顶被炸开，1名作业人员从罐顶摔下，经抢救无效死亡。

短评：

①在有可燃气体的环境作业，要使用防爆工具，作业过程不能产生火花；②如果使用非防爆工具，必须经过可燃气体检测合格，并且办理用火作业许可证；③拆卸作业，拆卸前虽然检测可燃气体合格，但是务必要注意到拆开后，就有空气进入、内部就有可燃气冒出，这样会在开口处及其内部形成爆炸性混合气体，此时遇点火源就会发生闪爆。

第二节 受限空间作业安全事故案例

1. 疏通污水井硫化氢中毒，致2人死亡

2008年7月12日，某公司有2名工人在炼化厂内进行疏通污水井作业，其中1人下到井内，在疏通污水管线过程中发生中毒，另1人下井营救，同样发生中毒，2人均抢救无效死亡。

短评：

①炼化厂内的污水管线，通常含有硫化氢有毒气体，作业前要检测硫化氢含量合格，并办理进受限空间（设备）作业许可证；②发现有人员中毒，自身要先佩戴好空气呼吸器等防护器具，后再进入危险部位抢救已经中毒的人员；③发现有人员中毒，要先向车间报告，以获得更多人员支援。

2. 拆除封堵墙硫化氢中毒，致3人死亡

2008年10月27日，中原油田承包商濮阳惠源公司6人在雨水提升泵站拆除新建闸门井内的封堵墙，拆除过程中，因吸入污水中的硫化氢气体，一名员工中毒、坠入污水井中。在场的另外2人相继下井抢救也中毒落水。3人均中毒溺水死亡。事故主要原因是封堵墙被砸开后，夹带有硫化氢气体的污水急速流出，导致人员中毒。有关人员安全意识淡薄，盲目施救造成事故扩大。

短评：

①在设备内涉及拆除、拆开、解体作业，事前都要做风险分析，是否会

导致出现有毒物、可燃物、窒息性气体，使设备内作业环境由合格变为不合格；②要注意识别在设备内作业引起次生事故的风险，如中毒人员坠入水中溺亡、中毒人员从高处坠落、触电人员从高处坠落；③应急抢救人员，除要做好自身防护措施外，还要紧急向单位报告，以得到更多支持。

3．焊接通风中断中毒，致1人死亡

2008年11月1日，某公司在川气东送工程管道内进行焊口补焊作业。上午9时许，施工区域供电突然中断，导致管道内的强制通风中断，作业人员未按要求停止作业，导致汽油焊机排出的尾气在管道内积聚，现场4人中毒晕倒，在后续的营救过程中又有5人中毒。事故中1名劳务工经抢救无效死亡。

✔ 短评：

①在设备内作业，采用风机机械通风，如果风机不能正常运转，要立即撤出人员；②安装风机，要使设备内形成上、下对流通风，如果风机边缘有缝隙，或者风机附近有设备开口，风路就会走短路，减弱了对流通风。

4．无许可证进入罐内氮气窒息，致2人死亡

2009年11月11日，某石化炼油部230万t/年焦化装置正处于装置开工前水联运阶段。11日上午，车间技术员李某找到施工单位——某建设公司石化项目部，要求安排人员将地下轻污油罐D-116（$\phi 2000\times 7000$mm，容积约24m^3）内的存水抽出。上午10时30分左右，张某某等人来到现场，用绳索将潜水泵放到罐底进行抽水作业。与此同时，车间正在对吸收稳定、火炬系统及泵区进行氮气气密。气密过程中发现保压困难，初步判断系统存在漏点。

下午，张某某、闫某某等4人来到现场继续作业。13时30分左右，因潜水泵抽不出水，张某某自罐顶人孔沿斜梯进入罐内检查，下到罐底后摔倒在罐底。闫某某随即进入罐内抢救，也倒在罐底。现场其他人员迅速呼救。救援人员赶到现场后将2人救出，经医生检查已死亡。

✔ 短评：

①凡进入设备内作业，都要先办理进入设备作业许可证。因施工需要，临时需要短时进入设备内，很容易产生没有进入设备作业许可证即进入设备内的严重违章行为，要特别注意；②设备有开口（如打开的人孔口），如果没有进入设备内作业，要在开口处挂上“危险，禁止入内”的警示牌。

5．设备内作业机械伤害事故，致1人死亡

2009年11月18日，某建安公司对某石化公司有机化工厂PVA装置醇解工

序3列干燥机进行单机试车。上午完成了3#干燥机的单机试车。13时左右，该建安公司单机负责人曲某等人、监理宋某、有机化工厂PVA车间副主任赵某、设备员毕某先后到达现场。

试车人员原计划先进行2#机的单机试车，但由于2#机平台上有人作业，遂决定先试1#机。13时20分左右，曲某启动了1#机电源按钮，听见干燥机内有杂音，立即停机并断电。现场人员判断设备内部可能有杂物。这时，2#机平台上的作业已完成，曲某决定试完2#机后再检查1#机。

14时5分左右，有关人员从1#机北端人孔下去站在主轴上向四周查看，发现1人被挤压在耙子和内壁之间，立即报警并组织抢救。伤者石某经抢救无效死亡。

事故主要原因：施工现场管理混乱。石某在未办理受限空间作业许可证和没有安全监护的情况下，擅自进入1#干燥机内；该建安公司试车人员在试车前，没有对现场进行检查确认就启动电源，导致事故发生。

短评：

①要办理进入设备作业许可证进入设备内作业；②进入设备作业，设备内有电动转动设备的，要办理停电申请手续，并且停电、验电、挂停电牌后，才能进入设备内；③试车前，要先对现场安全条件进行检查确认，才能启动电源，如设备内是否有人员、是否有卡阻物。

6. 原油罐清罐闪爆，致5人死亡

某炼油厂原油输转车间负责接收并向厂内输转原油。车间有6座原油罐，发生事故储罐为C罐，1995年建成投用，为$3\times10^4m^3$的外浮顶罐。

2010年6月23日，炼油厂将清罐任务承包给甲服务公司。随后，甲服务公司又私下将清罐作业委托给乙公司。6月29日7时采样分析合格后，车间开出作业票。在开作业票过程中，车间副主任代替工艺工程师、监护人和安全监督人等3人签字。

10时，乙公司有关人员开始进罐作业，上午作业无异常。13时20分，作业人员发现阀门内漏，有原油进到罐内。车间副主任等人到现场处理，14时处理结束后离开。9名作业人员继续作业。16时左右，罐内个别照明灯具时亮时不亮，乙公司监护人随即进罐检查。16时40分左右罐内发生闪爆。当时有8人（其中3人经抢救无效死亡）自行从人孔处逃出。6月30日5时10分进罐搜出2名遇难者。

事故是由于罐内含有烃类可燃物，且局部达到爆炸极限，施工单位在维修临时照明设施时产生电火花，引起油气闪爆。

短评：

①作业过程中，作业人员发现阀门内漏，有原油进到罐内，说明没有加装

盲板。要注意，进入设备内作业，一定要所有与设备连通的管线都加装盲板；②虽然是先检测合格，后作业，但是在设备内、罐底部，会有残渣、油泥等沉积物或者填料，在作业过程中，会不断挥发出可燃、有毒气体，导致人员中毒、设备内爆燃事故。针对这种情况，要加强佩戴个人防护用品，采取机械通风，边作业边监测，发现监测结果不合格，立即撤出人员；③在设备内，要使用防爆灯具和防爆工具；④在设备内，不能维修、拆卸灯具和用电设备。

7. 急冷塔内作业窒息，致2人昏迷

2011年9月22日，某石化有限责任公司新建MTO装置进入开车阶段。下午16时30分，车间安排第十建设公司的1名分包商员工进入装置急冷塔C-2101更换垫片，在更换过程中窒息晕倒，监护人随之进入塔内施救也窒息晕倒。两人随即被塔外人员救出，1人完全恢复，另1人也基本康复。

急冷塔C-2101与分离工段K-3001系统连接管线没有加盲板，而是用两道阀切断隔离。在进入塔内作业过程中，下游单元分离工段正在对K3001系统进行氮气置换。在升压过程中，氮气经两道隔离阀反窜到反应再生单元的分离塔，然后进入与之相连的急冷塔。因塔内氮气逐步积聚，氧气含量逐渐降低，致使两人相继因缺氧而晕倒。

短评：

①用两道阀切断隔离，不能代替盲板的作用，实施有效隔离，只有两个办法：一是加装盲板，二是拆除一段管线；②隔离会发生的错误有：一是采用关闭二道阀或多道阀的办法，但这些阀都不同程度有内漏；二是采用在法兰处断开的办法，但仍然是口对口；③在装置引入氮气或物料、试车、试压、气密过程中，不能同时进入设备内作业。

8. 罐内刷漆爆炸，致8人死亡

某年4月6日，某石化公司罐区127#罐（50000m^{3}容量的外浮顶原油罐）停用开始检修，7月19日清完罐，7月23日加好盲板，7月24日对127#罐进行了气体分析并合格，9月30日动火施工项目完毕，10月15日内防腐施工完工。

10月17日某施工队对127#罐浮盘浮舱内的机械除锈施工完毕，18日8时左右，在没有办理任何作业票的情况下，开始对浮舱进行刷漆作业，11时10分127#罐突然发生爆燃，东面5个浮舱顶钢板撕裂向外翻开，第6、7号浮舱泡沫挡板飞到第1号浮舱顶部，7人当场死亡，5人受伤，其中1人重伤，后经抢救无效死亡。

短评：

①虽然进入设备作业前，设备内已经气体检测合格，但是，要注意分析

施工人员将可燃、有毒物带入设备内的风险，如将油漆带入设备内，停工时将氧气火枪、乙炔火枪放在设备内，出现漏气，将氧气瓶、乙炔瓶放入设备内；②在设备内刷漆作业，要采用低挥发性材料，不在设备内调油漆，尽量少带入油漆，尽量减少作业人员；③在设备内刷漆作业，要采用良好的机械强制通风措施；④在设备内刷漆作业，要采用连续监测可燃有毒气体的办法。

9．违章送电，致1人死亡

1992年5月14日14时20分，某石化公司炼油厂机修一车间维修工段一钳工，在调换2#酮苯装置6-2氨空冷风机皮带时，被突然启动的风扇叶片削中头部死亡。

5月13日，酮苯车间2#酮苯装置3台氨风机传动皮带因损坏报修，由车间开具了“拆卸机泵设备前切断电源通知单”交电气车间，并由电气车间切断了3台电机电源。14日13时20分，3名钳工到现场调换氨空冷风机的皮带，一钳工爬进6-2风筒内吊紧马达皮带。

操作工在不清楚氨空冷风机是否修复完，也未到现场检查的情况下，叫电工送电。电工在未验证拉电单上是否有机修工签名的情况下即送了电。14时20分，操作工启动6-2氨空冷风机，风扇叶片削中正在6-2氨空冷风机风筒内钳工的头部，造成风机内的钳工死亡。

短评：

进入设备内作业，有很多设备，其内部又有用电，且送电后能启动、转动的设备，如内部有电加热设备、转动设备，这种情况的停送电及进入设备作业应如何管理？①办理进入设备作业许可证前，首先要检查确认设备内是否有用电设备，如果有用电设备，检查清楚是否已经办理停电申请手续，以及切断电源、验电签字确认情况；②送电前，一要先检查进出设备作业登记表，确认记录信息显示是否所有人员都已撤出设备外，并现场检查确认设备内没有人员；二要办理送电申请手续，并检查送电申请手续上的签字确认情况。

10．罐内摘下呼吸面罩氮气窒息，致1人昏迷

1996年8月2日，加氢车间正在紧张地进行首次开车的准备工作，主任亲自进入V-4100罐内进行清罐作业，并由一名班长作监护。据测得罐内氮气含量为95%，作业者和监护人员均戴上长管式呼吸面罩和做好保护工作。十多分钟后一大堆杂物被清理出来，此时，监护者放松了警惕性，将头上的面罩取下来，过一会又将头伸入人孔口往里看，并且停留时间太长，造成了N_2窒息，人从架子平台上摔下来，安全帽飞到一边，头部碰在地面的围堰上，当即昏迷过去，后经抢救后脱险。

短评：

①在没有个人防护措施，设备内未经检测分析合格，未办理进入设备作业许可证的情况下，不能将头部伸入设备内，进行取样检测和观察设备内情况，会造成人员中毒或者窒息；②进入设备作业，在设备内，不能摘下防毒口罩、过滤式防毒面具、长管式防毒面具和正压供风式防毒面具；③进入设备作业，如果佩戴正压供风式防毒面具，要有人监护风机、风罐，若发现供风中断，要有紧急措施立即撤出人员；④进入设备作业，如果佩戴正压供风式防毒面具、长管式防毒面具，要注意沿线检查气管，防止气管漏气、接头甩出，防止气管受压、打折不通气。

11．应急抢险不当窒息，致1人死亡

1986年9月12日，某石化公司检修101反应器，9月12日17时30分，检查科一名女化验工在工程公司建筑队一名瓦工的协助下，一起来到101反应器取样做气体含氧分析。取样过程中，不慎将负压取样器掉入反应器内距上盖1.5m第一塔盘上。在不了解反应器内能否进人的情况下，这名瓦工进入反应器内取出负压取样器，刚进去就晕倒在里边。在反应器上边的化验工，看到后就大声呼救。一名班长赶到现场，跳进了反应器。一只手托着里边的人，上边人员将窒息在反应器里的人抢救出来。但这位班长却又晕倒在里边，并从一层塔盘掉到反应器的深处，给抢救工作带来更大的困难。

经采取各种方法，多次下到反应器内进行营救，19时30分才将这名班长抢救出来，终因氮气窒息时间过长（在反应器内55min）抢救无效而死亡。

短评：

①进入设备进行危险性作业，在作业前，要设想可能发生的事故，设想出采取的应急抢救措施，并检查现场是否有条件实施这些措施，在现场准备好急救器材；②进入设备进行危险性作业，作业人员应在身上系有救生绳，救生绳另一头置于设备外，遇紧急情况，监护人员可拉出设备内的人员；③进入设备进行危险性作业，应在设备外放置有空气呼吸器、救生绳，或者有气防人员在现场监护；④有人在设备内中毒、窒息，无法转移出来，可以采取先切断毒源和窒息性气体来源，切割设备，抽出设备内气体，向设备内有人的部位直接注入新鲜空气的办法。

12．检修汽提塔硫化氢中毒，致2人死亡

1999年8月26日，某石化公司在检修汽提塔时，发生H_2S中毒事故，2名作业人员及9名抢救人员先后中毒，其中2人死亡，2人重度中毒，7人轻度中毒。

8月26日16时左右，某化工公司一套污水汽提装置因汽提塔故障需进塔内

维修。第二天8时左右，打开汽提塔下部两个人孔进行通风，并从上部人孔加水进行冲洗。17时左右，打开最上部人孔进行通风。17时15分左右，车间有关人员用可燃气体及氧气测定仪测定，结果可燃气体不合格。此后，在17时15分至19时45分左右的一段时间内，每隔15min测定一次，19时45分左右经测定，氧气：21%；可燃气体：12% LEL ～18% LEL。车间安全人员认为合格，随后签发“进设备作业证”，并注明要佩戴长管呼吸器。20时左右，某化建公司2名架子工进入塔内进行扎架子作业，化工公司2名操作工及化建公司1名临时工在塔外进行监护。由于不方便作业，2名架子工未戴呼吸器。大约13min后，塔内传出求救声，监护人员及现场6名检修人员情急之下未戴呼吸器进塔救人，先后中毒，有7人勉强爬出。

最后其他员工戴上呼吸器将塔内4人救出，立即进行现场急救并及时送往医院进行抢救，其中2人死亡，其余人员脱离危险。

短评：

①进入设备作业前的气体分析（体积比含量），要注意，一般制度要求设备内氧含量在19.5%～23.5%的范围为合格，但是空气中正常氧含量为20.9%，因此，检测结果如果偏离20.9%，即使还在19.5%～23.5%的合格范围内，也要分析清楚为什么设备内氧含量比空气中正常氧含量多了或者少了，找出根源，采取措施，并确认危险是否可控，防止作业过程中，氧含量继续增多或者减少；②进入设备作业前的气体分析（体积比含量），要注意不能将有毒气体作为可燃气体来检测、评定是否合格，即测爆和测毒是完全不同的，一种气体，如果既是有毒气体又是可燃气体，要按有毒气体进行检测、评定是否合格。例如，硫化氢气体，它属可燃气体，作为动火作业，防止发生爆炸燃烧，含量不大于0.2%就为合格了，但它又是有毒气体，对于防止人员中毒来说，含量不大于百万分之七才算合格。由此可见，进入设备作业，设备内硫化氢含量是否合格，应按不大于百万分之七标准执行，不能执行不大于0.2%的标准；③进入设备作业前，监护人员要检查进入设备作业的个人防护用品是否合格完好，个人防护用品种类是否与进入设备作业许可证所要求一致。

13. 设备内电焊中毒，致4人中毒

2002年5月28日，某建设公司在某炼油厂沉降器内上部进行电焊作业，电焊火花引起沉降器内壁结焦燃烧，燃烧产生一氧化碳气体，导致4名在容器内搭设脚手架的施工人员中毒。

短评：

①在设备内，或者其他受限空间内用火作业，并不是内部经可燃、有毒气体取样分析和检测合格，就不会发生人员中毒事故，因为其内部还可能有可燃、有毒的液体、固体，这些通过气体取样分析和检测是无法判断是否安

全的，需要取样本出来试燃烧，这点务必重视；②沉降器内壁结焦燃烧，属于异常危险情况，需要撤出内部作业人员；③沉降器内壁结焦燃烧会产生一氧化碳气体，同理，多人用焊枪在设备内，或者其他受限空间内作业，也会燃烧消耗氧，造成内部缺氧，或者焊接产生一氧化碳及含硫有毒气体；④在设备内，或者其他受限空间内用火作业，危险性较大，不应同时存在搭设脚手架之类的交叉作业。

14. 槽车内刷漆闪爆，致1人死亡

2006年6月29日，某建设公司承包某炼油厂铁路槽车内壁刷漆作业，溶剂油蒸发在槽车内形成爆炸性气体，遇电火花发生闪爆，正在槽车内作业的吴某被烧伤致死，另外2人被烧伤。

点评：

①虽然作业前，槽车内经气体取样分析合格，但是，还有很多途径使槽车内新引入可燃气体，例如，带油漆进入槽车内，乙炔–氧焊枪在槽车内泄漏氧气、乙炔气，泄漏氩气，还会引起人员窒息，这些都要引起足够重视；②在设备内刷漆作业，要连续监测设备内可燃气体含量；③在设备内刷漆作业，不能在设备内调制、稀释油漆；④在设备内作业，要使用防爆灯具、防爆工具。

第三节 高处作业安全事故案例

1．高处敷设电缆坠落事故，致1人死亡

2007年10月28日，某公司在炼化厂内焦化工地进行敷设焦池行车电缆作业。在电缆敷设至尾端时，由于没有采取相应安全措施，电缆受重力作用快速下滑，并将没有按规定系安全带的张某带落，张某从15.5m高处坠落地面，抢救无效死亡。

✔ 短评：

①高处作业要系安全带；②在高处作业的人员，要注意身体受到外力作用，会造成身体失稳坠落；③类似问题还有：吊起的重物碰撞到高处作业人员；在高处作业人员踩在钢管、框架上，脚下打滑；在高处作业人员踩在松动，或者不能承重的物体上，脚下踩空；在高处作业人员踩在孔洞口，或者临边部位。四种情况都会造成身体失稳坠落，此时安全带将起到保命的作用。

2．脚手架扣件断裂高处坠落，致1人死亡

2008年8月20日，某公司在炼化厂内焦化装置，拆除焦碳塔内脚手架，脚手架底部1处扣件突然断裂，脚手架坍塌，导致5人受伤，1人抢救无效死亡。

✔ 短评：

①搭设脚手架前，架子工要检查脚手架扣件，有裂纹、有缺口、欠垫片、缺少螺栓滑扣的扣件，不能安装使用；②脚手架管件与管件间的连接，要使用专用扣件连接，不能用塑料带、钢丝、纤维绳连接；③搭设完成的脚手架，

在投入使用前，要先经有架子工资格人员验收合格，并在脚手架上挂验收合格牌。

3. 铺设钢格板高处坠落，致1人死亡

2008年10月21日，某公司在炼化厂内装置铺设钢格板。铺设过程中因卡子用完，部分钢格板暂时没有固定。一人在搬运过程中，踏上一块未固定的格板，格板反转坠落，人员也随之坠落至下层平台，抢救无效死亡。

✔ 短评：

①在高处不能存在没有安装固定的浮置件，在本案例中，因卡子用完，未能固定的格板，应拆开，并在洞口处加护栏，或者拉设警戒线；②在高处，安装梯子、平台、护栏、脚手架都要就位后立即固定，不能虚放。

4. 平台孔洞高处坠落，致1人死亡

2009年1月14日，某建筑安装工程公司在某乙烯项目热电工程10#锅炉现场拆除脚手架，施工过程中，1名施工人员进入已做硬围护的孔洞护栏内作业，且没有系挂安全带，不慎从平台孔洞坠落，抢救无效死亡。

✔ 短评：

①塔转台或装置框架平台，多数都有供人员上下的直梯口，这就形成孔洞，因此，在直梯口要有护栏，即护笼做硬隔离，并在出入口处设置防护链，防护链一定要栓好，不能摘下；②尽管护笼小，但进入前必须先挂好安全带，因为如果鞋底打滑落，人员会从高处坠落。

5. 拉断吊篮钢丝绳高处坠落

2009年2月22日，某公司分包商2名员工在某天然气净化厂工程二联合装置，对烟囱进行航空标志刷漆作业。在吊篮提升过程中，钢丝绳被拉断，2人随吊篮从40多米高处坠落，抢救无效死亡。事故主要原因是钢丝绳受过钝性损伤，损伤点多次经过灵机杆顶部和底部滑轮，损伤加剧而突然断裂。

✔ 短评：

①用吊篮提升人员，是高风险作业，人员一定要系安全绳，当吊篮提升绳断开时，安全绳起作用，使人员不至于坠落至地面，注意安全绳不能挂在吊篮上；②吊篮使用前，一定要检查钢丝绳是否有损伤，要检查钢丝绳与吊篮的连接是否牢固，要检查顶部滑轮吊点是否绑扎固定好。

6. 设备内高处坠落，死亡1人

某炼化新建加氢裂化装置，定于2009年8月份中交。为确保中交质量，加氢单元组织员工对装置隐蔽工程进行检查。7月6日，李某准备检查热低压分离器（D–104，高11.36m、直径3.7m）的内部情况，张某等2人一同前往。3人首先在反应器底部检查完毕后，10时左右，顺软梯来到分离器中部的防冲板（环形板，环形宽度约0.9m，距罐底6.66m）上检查。李某在检查过程中突然听到声响，发现张某已从防冲板坠落至罐底，经医院抢救无效死亡。

事故直接原因是作业人员没有按规定系挂安全带，张某在防冲板上停留时不慎跌落，导致事故发生。

✔ 短评：

①塔内件很滑，塔内件因腐蚀导致强度不足，塔内存在松动件，照明光线可能比较暗，又可能存在有毒物使人员中毒，这些都是进塔内高处作业的主要风险，一定要识别出来，采取系挂好安全带的措施，如果没有安全带悬挂点，要事先专门设置；②对于这类重大风险作业，作业前一定要集中安全讲话，向作业人员传达好风险点和注意事项。

7. 房顶高处坠落，死亡1人

2012年4月15日，某网架有限公司4名员工在新建硫磺造粒厂房进行施工。14时25分左右，在铺设厂房顶棚的压型钢板（钢板厚度为0.4mm，高度为18.15m）时，杨某不慎从房顶坠落到二层平台（高度为7.5m），经医院抢救无效死亡。

事故主要原因：杨某踩在了待固定的压型钢板上，钢板受压变形，与钢梁搭接处脱开，导致坠落事故。

✔ 短评：

①在房顶进行高处作业的主要风险，一是人员鞋打滑，从高处坠落；二是房顶的压型钢板没有固定好，人员踩空，从高处坠落；三是在房顶上留有孔洞，人员踩空，从高处坠落；四是从房顶高处坠落材料、设备、工具，造成人员伤亡；②在房顶进行高处作业，要系好安全带，如果没有高点系挂安全带，要在房顶以上1m左右高处设置生命线，用于系挂安全带；③在房顶进行高处作业，要设置安全防护网；④遇风、雨天气，不能在房顶上进行高处作业。

8. 高处铺设钢格栅坠落，死亡1人

2012年5月2日上午，某建设集团公司员工在某石化环氧乙烷改造项目现场施工，徐某等4人在反应器框架29m层平台铺设钢格栅。徐某与另1名工人孔

某一起将钢格栅抬至铺设点，徐某先将钢格栅的一端放在钢梁上，然后双手抓住钢格栅中间，慢慢将远端放在钢梁上。在将第二块钢格栅（1.25m×1m，约50kg）远端放到钢梁上的过程中，钢格栅发生错位，徐某重心前移，连同钢格栅一起坠落至下方18.7m的混凝土平台上，经医院抢救无效死亡。

短评：

①站在高处平台上作业，看似四平八稳，通常人员不系挂安全带，其实也应该系挂好安全带；②在高处平台进行安装设备、管线、构件的作业，容易造成设备、管线、构件从高处坠落，一定要注意防范风险。

9．拆除作业临边坠落，死亡1人

2009年4月27日12时30分，在某炼化乙烯项目动力中心现场，某炉窑工程公司的施工人员在拆除4#炉烘炉临时隔断墙的过程中，1人不慎从水平烟道临边处坠落至19.5m的回料阀底部，经抢救无效死亡。

短评：

①拆除4#炉烘炉临时隔断墙的主要风险，一是作业场地窄小且为临边高处；二是高处坠物。这些风险一定要识别出来加以防范；②高处临边作业一定要系好安全带。

10．摘安全带高处坠落，死亡1人

2008年8月6日下午，某工业设备安装有限公司油漆工王某等4人在某石化一氧化碳项目蒸汽转化炉进行补漆作业，王某的任务是补刷作业平台支撑三角架的面漆。

17时25分左右，王某来到一层平台东北角处脚手架（脚手架搭设在一层平台上，搭设高度2.5m。是为前期焊接作业搭设，事故发生时该层焊接工作已结束，脚手架正在拆除）外侧补刷上方二层平台栏杆立柱底部角焊缝的面漆，身体悬空在第一层平台垂直方向的外侧，安全带系挂在外伸脚手架上层护栏上，作业位距离地面9.6m。当补刷完三处角焊缝后，侧转身将安全带摘下准备到另一点位作业时，因身体失衡不慎从高处坠落地面。经医院抢救无效死亡。

事故主要原因：一是作业人员安全意识淡薄，作业点选择不当，本应站在二层平台上作业，但却站在了没有防护的脚手架外侧作业。

短评：

①正在拆除的脚手架，要摘下验收合格牌，不允许人员再上架作业；②高处作业人员要选准作业面，选择安全点站立；③高处作业人员要使用双钩安全带，人员水平、上下移动位置，要两钩轮换挂，不能同时摘下两钩。

11．拆除作业坍塌高处坠落，致1人死亡

某石化化工研究所1#循环水场冷却塔系统防腐检修项目由某防腐工程公司承包。该项目内容之一为拆除1#~4#四台冷却塔风筒、预制风筒基础和安装玻璃钢风筒。

该项施工分为两个阶段：第一阶段是9~10月份，对3#、4#两台冷却塔风筒进行了施工，拆除了旧风筒，安装了玻璃钢风筒；第二阶段是从2008年11月21日开始拆卸1#、2#两台冷却塔风筒，安装玻璃钢风筒。11月22日，承包商临时招聘的5名施工人员在2#冷却塔施工作业时，风筒外层水泥披覆突然整体坍塌，砸中施工人员唐某（男，34岁，普工），并将护栏砸断，人连同护栏从12.6m平台坠落在7.9m平台。唐某经抢救无效死亡。

施工前未搭设脚手架、未安装防护网，在风筒下部进行挖槽作业。由于2#冷却塔风筒外壁严重开裂，内部木筋、钉子和钢丝网已腐蚀，作业过程中风筒外层水泥披覆整体坍塌，砸断护栏，导致事故发生。

短评：

①拆除作业，要按照自上而下的顺序进行，不能采取从底部挖空或者先拆除支撑件的办法；②拆除作业，要注意整体坍塌的风险和高处坠物的风险，避免出现同一位置多人、多工种立体交叉作业，造成互相伤害；③拆除作业，要有施工方案，要搭好脚手架、防护网或封闭性硬隔离设施。

12．拆除顺序不当高处坠落，致1人死亡

2010年4月18日上午，某建设有限公司在某公司油品质量升级改扩建项目进行2#催化装置拆除作业。黄某等3人负责装置吸收稳定区空冷器顶部平台通道拆除工作。平台拆除分段进行，主要拆除顺序为：先用160t吊车将要拆除的平台吊住，再开始切割平台下部支撑结构。

9时45分左右，黄某站在平台下方脚手架上（标高为12m）进行支撑结构切割作业。当支撑结构下部L型支架与平台断开后，因管道重力作用，平台下部管道支架水平梁与钢结构立柱间焊口突然撕裂，管道支架向下位移，管线失稳坠落并砸落架设，导致黄某与脚手架一同从12m左右高处坠落至地面（安全带系挂在架设上）。现场人员迅速将黄某送医院抢救，后经抢救无效死亡。

短评：

①拆除作业前，要先做风险评估，部件拆除在方案中要有详细的先后顺序安排；②先拆除某一部件后，余下部件是否强度足够，是否会造成坍塌，要有风险分析；③平台支撑结构上的管线未拆除，不能先拆除平台梁和平台支撑；④拆除作业，安全带要注意检查不能系挂在要拆除，或者可能坠落、坍塌的部位。

13．罐内脚手架高处坠落，致1人死亡

2010年6月22日16时50分左右，某防腐工程公司承担某公司炼油分部的石脑油罐（容积$1\times10^4m^3$）的喷砂防腐作业。准备收工时，1名作业人员在从罐内脚手架下来的过程中，不慎坠落摔伤，经抢救无效，于6月27日19时15分死亡。

短评：

①搭设脚手架要有供人员上下的专门通道，通道的步级距离不能过大，应为40mm左右；②作业人员上下脚手架，要走专门通道，不能从脚手架其他部位攀爬；③在脚手架上作业的人员，要系挂双钩安全带，当上下脚手架时，要双钩轮用，即挂好一个钩后，再摘除另外一个钩。

14．探伤作业高处坠落，致1人死亡

2010年7月25日凌晨零时30分左右，某技术服务公司职工宋某等3人，在某石化公司化工四厂储运车间重油罐建设现场进行探伤。宋某等2人抬着探伤设备准备上到零位罐的罐顶时，不慎跌入零位罐夹层（宽度约50cm，落差7m），送医院抢救无效死亡。

短评：

①在高处抬动重物、移动重物，或者在高处起重作业时，推动重物就位，都会使人员失稳，从高处坠落，要特别注意站在安全位置；②不能手持工具、材料、物件在高处攀爬。

15．滑板绳未系牢高处坠落，致1人死亡

2010年7月27日下午，某建安公司在某油库进行防腐作业。孟某等3人负责201#罐（$1\times10^4m^3$）罐壁底漆防腐工作。17时13分左右，由于未将滑板绳系牢，绳扣松开，孟某随滑板由罐顶坠落（落差约16m）。有关人员迅速将其送医院救治，抢救无效死亡。

短评：

①采用滑板吊人作业，除有滑板绳外，还要有保险绳，当滑板绳断开不起作用时，保险绳仍能起保护作用，使人不致于坠落到地面；②使用滑板前，要检查绳子是否有破损，要检查绳子与滑板连接是否绑扎牢固，顶部滑轮是否固定好；③使用安全带前，要检查安全带是否有损伤，扣子是否牢固，挂钩是否完好。

16. 拆装作业坠落，致1人受伤

2006年2月27日上午，联合二车间外操检查发现在运酸性气压缩机C201A两列缸内侧3个排气阀密封圈泄漏，在施工过程中，一钳工站在南侧出口缓冲罐（平台下方）上，其中一只脚踩在该罐突出的设备铭牌上，准备接南气缸侧下面的阀盖及气阀。然后，他们打开全部螺丝，气阀缸盖（ϕ350）被卸出，站在南侧出口缓冲罐上的钳工未能接住阀盖，身体失去平衡，跌至地面，自己爬到路边，要求打急救电话，当班班长报告调度并打急救电话。

✔ 短评：

①在机泵检修作业过程中，由于人员站立点距地面、平台不是很高，高度一般不到2m，将竹排搭放，没有固定，即站在竹排上作业，这是很危险的，一定要固定好竹排，或者搭设正式脚手架；②在机泵上作业，也要系挂安全带，遇有特殊情况，如有可能泄漏有毒、易燃物，系挂安全带不利于迅速撤离的例外；③在机泵上作业，人员比较容易打滑，一定要注意防滑；④在机泵上用力作业，人员比较容易身体失衡、坠落，一定要选择稳妥位置站稳。

17. 巡检孔洞高处坠落，致1人死亡

2008年11月26日下午，某工程有限公司在某石化水务中心3#水处理沉清池区域施工。在进行吊装作业时打开了巡检通道上的1块盖板（巡检通道距地面约8m高），留下了1处约700mm × 900mm的孔洞。14时20分左右，操作工赵某巡检通过此处时，不慎从孔洞处坠落，经医院抢救无效死亡。

✔ 短评：

①临时打开的地面、平台上的盖板，临时拆除平台上的防护栏，都要采取硬隔离措施，并设置警示标志牌，不能用拉设警戒线代替；②使用中的脚手架，不能拆除其中某些部件，如支撑、护栏、爬梯。

第四节 临时用电安全事故案例短评

1．潜水泵抽水触电，死亡1人

2010年5月31日，某建筑工程有限责任公司，在某油库院内实施非油品中央仓库建设项目。因近日多雨，造成施工场地积水，影响非油品中央仓库施工和材料堆放，需用潜水泵排水。14时左右，承包商员工商某、陈某在进行抽水作业时，引发触电事故。商某经抢救无效死亡。

短评：

①潜水泵用电，要采用二级或者三级分级配电方式，每级都应有参数分梯次的漏电保护器；②潜水泵用电，要采用额定漏电动作电流不大于15mA、动作时间小于0.1s的漏电保护器；③潜水泵用电，要采用“一机一闸一保护”的接线方式，设置接地保护线；④潜水泵用电，要由具备电工作业资格证的电工人员接电。

2．拆除废旧配电箱触电，死亡1人

2011年7月2日，某水电安装部的员工在对某石化公司礼堂内4m多高的配电平台废旧配电箱电源进行拆除，14时25分，发生触电事故，造成1名施工人员死亡。

施工人员在未将电源配出柜总开关断开的情况下，打开电源配电柜进行带电作业，导致触电。该处上午已怀疑带电而暂停施工，待专业人员确认，且触电部位处于漏电保护装置之前，漏电保护器未能发挥作用。

✔ 短评：

①电气作业，要办理相应的电气作业许可证；②拆除废旧配电箱，要先在上一级箱切断电源，且验电确认不带电后，才能作业；③在已怀疑带电，可能存在触电危险的情况下，要暂时停止作业，并挂上带电危险的安全警示标志牌。

3．清扫卫生碰触母排触电，死亡1人

2011年8月16日，某石化公司动力部电气装置1#汽轮机发电机系统检修结束，根据装置和工段长的安排，清扫卫生，准备17日开车。

配电班班长徐某带领钱某和赵某等6人负责清扫卫生。14时45分左右，基本完成清扫工作，徐某检查动力部1#主开关室打扫情况后，去隔壁的1#厂用高压电抗器室（没有安排清扫）内部查看卫生情况，赵某也随同离开1#主开关室。

1#厂用高压电抗器是大化肥总降压站到动力部站区高压Ⅰ段的限制短路电流的电气设备，位于动力部1#主开关室隔壁，事故时处于带电状态。

14时50分，徐某打开1#高压电抗器室门锁和挂有"止步，高压危险"警示牌的安全遮栏门，靠右侧进入电抗器遮栏区域内查看，赵某随后进入，站在母排旁。随后听到赵某"啊"的叫了一声趴在母排上，胸前冒出火花，钱某立即冲进去，用脚连踹两下，将其身体脱离带电母排，迅速拖出高压电抗器室，实施抢救，终因抢救无效，赵某于15时50分死亡。

✔ 短评：

①进入电气变、配电设备的场所，要十分注意防止人身误碰触；②进入电气变、配电设备的场所，以及对于其他带电的设备设施，要高度重视、高度警惕安全警示牌所警示的内容；③在带电场所进行清扫作业，也要开具作业许可证；④对在高压配电室及遮栏门内、外的作业和活动，要有安全规程，高压配电室的遮栏门要上锁。

4．带电拉电缆触电，死亡1人

2007年9月4日，某工程公司在某炼化厂内焦化工地进行炉管用电热处理。施工人员在布线前先合上了电闸，另1名施工人员在拉移电缆布线过程中触电，抢救无效死亡。

✔ 短评：

①在拉设电缆线路、拆除电缆线路、移动配电箱、移动用电设备或者检修用电线路设备前，都要先断电，由电工验电，确认不带电；②在再送电前，要检查确认人员、线路、设备已处于安全状态，不会触电；③断电、送电，

都要挂断电、送电牌。

5．使用电动清洗泵触电，受伤1人

2003年7月4日15时30分，某石化公司电机车间检修一班用电动清洗泵冲洗班房，1名职工手握水枪，在开始使用电动清洗泵时，由于水枪外壳带电触电晕倒，同班的职工立即停下电动清洗泵的电源，并进行现场人工急救，约3min后苏醒，后送医院检查治疗。

因电动清洗泵的电源电缆线路较短，临时用了一条四芯橡套电缆线连接到电源开关上。四芯橡套电缆线绝缘老化、引线有部分损伤和金属外露，绑扎在电动清洗泵机架上，造成漏电。同时，班房地面存有积水，最终导致了人员触电。

点评：

①临时使用电缆电线，要先检查电缆线，保证不破损、接头不裸露；②接用电源，除检查确认设备、线路不漏电外，还要安装漏电保护开关；③从事简单的、非生产性的活动，用电安全一样重要，一样要遵守用电安全管理规定。

6．测试设备自投触电，死亡1人

2004年4月21日上午，某建设公司氯碱项目部仪电二公司电工张某等2人在某石化氯碱厂离子膜烧碱工程低压配电室紧固母线螺丝，与此同时，秦某等5人准备送电测试设备自投。9时10分左右，秦某等人开始送电，9时15分有人发现趴在配电盘后的张某，张某经送医院抢救无效死亡。

点评：

①人员在用电线路或者用电设备上作业前，要先办理好停电作业票证、停电验电、在开关上挂上“禁止合闸，有人作业”的警示牌后作业；②在给用电线路或者用电设备送电前，要先办理好送电作业票证，检查现场具备送电的安全条件，确认线路设备已安装好，没有人员作业或者其他不安全因素，后送电。

7．电缆带中间接头漏电，死亡1人

2003年7月5日，某建设公司施工人员到现场打水，在经过预制厂时触电死亡。地面有照明电缆，电缆带中间接头，其裸露部分缠有防水绝缘胶带，但是已经有断裂现象，浸泡在水中。

点评：

①有接头的电缆，其接点尽管包扎、绝缘良好，也不能浸泡在水中，应

架空拉设，或者将接头支高离开地面；②有接头的电缆，一定要包扎牢固，不能出现绝缘层松脱，要测试漏电情况；③现场出现裸露、接头包扎不良的电缆，在彻底确认其不带电之前，要视同带电处理；④在装置区、罐区等危险场所使用的导线、电缆，要用整根导线、电缆，不允许有中间接头；⑤任何临时用电线路，都要有二级以上漏电保护器保护。

8．潮湿积水坑洞内触电，死亡1人

2005年10月15日，某化工厂维修提升机，需要进入2.5m的深坑洞内作业，坑洞内潮湿积水，工人于某提起照明灯，下到坑洞内，突然灯不亮了。工人在地面上喊叫，没有回音，于是进入坑洞，发现于某躺卧在坑洞。后经抢救无效身亡。

点评：

①进入潮湿积水的坑洞内，使用行灯的电压应为12V的安全电压，隔离变压器要放在坑洞外；②入潮湿积水的坑洞内，行灯要安装漏电保护器，漏电保护器的漏电动作电流要求不大于15mA、动作时间小于0.1s；③入潮湿积水的坑洞内，行灯要加装防护罩。

9．推动设备触电，死亡3人

2002年8月12日，某建筑公司在进行厂房内通道的混凝土地面施工，有一活动操作台阻碍滚筒作业，3名作业人员支推动操作台移位，但是有电气线路挂住操作台，无法推动。由于施工现场采用局部照明，操作台处灯光较暗，3人都没有发现这根电气线路。接着便用钢管撬动操作台，结果将这根电气线路的绝缘损坏，导致操作台带电，致3人死亡。

点评：

①厂房夜间施工作业，不能采用局部照明，要采用全面、全方位照明方式；②室内照明，高度低于2.5m，电压不应大于36V，不能采用220V电压；③施工现场临时用电应安装保护接零或保护接地、漏电保护器；④施工现场临时用电的线路，不能乱摆乱放，要按规范设置；⑤夜间用电施工作业，要有电工人员在现场。

10．架空高压线触电，死亡3人

2000年8月3日，某建筑公司进行楼房建筑施工作业，在工地上方距离地面7m高度处，有1条10kV的架空高压线路，承包人温某指挥12名民工，将12m长的钢筋笼放入桩孔，由于钢筋笼顶部钢筋距离高压架空线路过近而产生电弧，11名民工被击倒，其中3人死亡。

期间施工单位曾多次要求建设单位迁移高压架空线路。

点评：

①施工单位明知在高压架空线路下作业是违章，也多次要求建设单位迁移高压架空线路，就不能再指挥工人违章作业；②在高压架空线路下周围空间存在强电场，会通过感应作用，使附近的钢筋笼导体带电，导致人员触电，对此施工前要识别出这样的风险。

第五节 起重作业安全事故案例

1. 拆除吊装揽风绳，因头部受打击致1人死亡

2008年5月11日，某公司在炼化厂内，拆除液压吊装系统桅杆的揽风绳。作业过程中，由于防滑措施不落实，钢丝绳在下滑过程中，扫到位于26.9m高梁柱上的起重指挥员的头部，导致起重指挥员坠落死亡。

短评：

①在高处的指挥人员、司索人员要系安全带；②作业时指挥人员、司索人员要注意自我保护，正确选择站在安全位置上；③高处作业，要防止产生高空坠物；④高处作业，要尽量避免上下立体交叉作业，在本案例中，起重指挥员不能站在拆除作业点下方进行指挥作业；⑤拆除作业，要特别注意识别被拆除物重力大、惯性大这些危险因素，采取临时支撑、牵引的安全措施，并注重选择正确的拆除顺序。

2. 吊装钢结构吊车倾覆，致1人死亡

2009年1月15日，某建筑安装公司租用50t汽车吊车在乙烯工程现场进行钢结构安装作业。在起吊1件约5.5t的钢结构，就位时吊车侧翻，跳车避险的吊车司机被砸压，抢救无效死亡。事故主要原因是超载吊装，作业时吊臂基本位于全伸状态，吊物重量已超过此种工况下的额定载荷。同时吊机的力矩限制器被强制解除，失去了倾覆安全保护功能。

短评：

①吊机的力矩限制器属于安全保护装置，不能被强制解除；②吊装作业前，首先要到现场，根据现场情况，确定吊装半径、吊臂伸出长度、能否全伸支腿、实际起吊重量，再查吊车的起重性能表，确定吊装负荷率，以判断能否实现安全吊装。

3. 吊装管道碰撞，致1人死亡

2012年5月21日下午，四建上海石化项目部分包商——上海连通实业有限公司4名员工在上海石化厂区大堤路与卫六路交叉处，使用25t汽车吊进行穿管作业（吊装管道直径为100mm，长约9m）。13时10分左右，当被吊管道上升约9.5m高时，管道与管架发生碰撞，管道滑落至地面后反弹，砸到路过此地的另一家分包商——上海东海华庆工程公司职工王某头部，经医院抢救无效死亡。

短评：

①吊装管道，要捆绑多圈，如果只捆绑1圈，起吊后，就会很容易发生管道滑落事故；②高空吊装，在被吊物上要系有缆风绳，另一头由起重人员拉紧控制，以防止被吊物在空中摆动、碰撞，便于被吊物在高处准确就位；③吊装作业，在吊臂、被吊物转动范围内，要拉设警戒线，监护人员做好现场监督，防止无关人员进入警戒线内；④吊装作业前，司机要清楚被吊物要放置的目标位置；⑤吊装作业时，吊机的回转、起升要缓慢。

4. 吊装转盘大梁，致重伤2人

2009年5月29日18时左右，某石油局吊装转盘大梁（质量为11t），吊装过程中，吊车突然翘头，扒杆前倾，所吊的转盘大梁撞向猫头大梁，将坐在猫头大梁两边的2名员工左小腿砸至粉碎性骨折，其中1人左小腿截肢，险些造成2人死亡。

短评：

①吊装作业，吊机要尽量靠近被吊物，以减小吊装半径，提高吊机的起重能力；②吊装指挥员在现场危险区域内有人的情况下，不能发指挥令给司机起吊；③在现场危险区域内有人的情况下，司机不能起吊。

5. 吊装管廊桁架吊车翻车，致1人死亡

2008年1月15日，某建筑安装公司用50t汽车吊车，在某石化公司乙烯外管廊进行钢结构安装作业。9时30分，当吊车起吊管廊桁架从西侧向北侧转杆约

90° 左右达到吊装位置时，吊车南侧支腿出现离地现象，起重指挥工报告主吊司机，并要求快速落钩，司机查看后认为没有问题，没有采取落钩措施，继续作业。在吊车南侧支腿离地500mm左右，指挥工要求司机快速离车，司机仍然没有听从指挥，继续自主操作，直到吊车倾斜到70° 左右时，才慌张跳车。结果司机被倾倒的吊车砸伤，经抢救无效死亡。

短评：

①吊装作业过程中，吊车司机应听从指挥人员的指挥；②发现紧急情况，不管什么人发出的指令，司机都要高度重视，采取紧急措施，或者停止作业，查明原因；③起吊时，支腿压在地面出现略微松动，甚至支腿出现离地现象，出现这种情况，都属于吊车吊装超载，司机应采取紧急操作措施，不能继续作业；④吊装作业过程中，吊机力矩限制器不能被强制解除，这样会导致吊机失去倾覆安全保护功能。

6. 手动葫芦吊装阀体坠落，致1人死亡

2008年3月13日上午8时左右，某石化工程公司的起重工陈某和临时工易某负责回装某装置P1209泵入口阀门（阀门直径300mm、质量450kg、安装高度约1.8m）。回装作业由2台2t的手动葫芦配合，1台用于起吊，1台用于控制回装阀门的方向。当阀门起吊到1.6m时，停止并清理法兰密封面。10时05分，陈某下到地面，准备去松控制方向的葫芦，此时，用于起吊的葫芦吊钩突然脱落，吊钩和阀门快速坠落，阀体砸到泵后弹出，击中陈某头部后侧，经抢救无效死亡。

短评：

①吊装作业前，应对起重机具进行检查，发现有问题的机具，不能投入使用；②对于存在缺陷的起重机具，要作报废处理，或者作出存在缺陷标识，单独存放，另行处理，不能再使用；③吊装作业前，作业人吊要重点检查钢丝绳不能有破损，吊钩的防脱钩保险装置有弹力、不松脱、不缺失，吊具的护板无裂纹、无变形、附件齐全完好。

7. 吊装管道碰触高压线，致2人死亡

2008年7月21日，某建筑安装工程处在某管道工程施工中，吊装 ϕ 508mm × 7.1mm × 11350mm钢管时，吊车吊钩上部的钢丝绳碰到10kV高压线，2名施工人员触电死亡。

短评：

①吊装作业时，吊臂、机体、钢丝绳、被吊物，与高压线路不仅不能碰触，因为存在电场感应问题，还要保持安全距离。与小于1kV高压线的安全距

离垂直、水平方向都为1.5m；与10kV高压线的安全距离为垂直3m、水平方向2m；与35kV高压线的安全距离为垂直4m、水平方向3.5m；与110kV高压线的安全距离为垂直5m、水平方向4m；与500kV高压线的安全距离为垂直8.5m、水平方向8.5m；②吊装司机、吊装指挥人员、司索作业人员，都要具备相应的起重特种作业资格证，作业前，车间起重监护人要对起重作业人员的资格证件进行检查；③吊装作业前，要对于靠近高压线作业做危险识别；④吊装作业前，吊装司机、吊装指挥人员、司索作业人员，要认真检查吊装作业环境安全。

8．行车吊装柴油机重物坠落，致1人死亡

2008年9月1日，某机车配件厂在进行机车头的中修工作。上午，5名检修人员利用行车将柴油机（12缸180柴油机，质量约5t）吊起，维修工李某探入柴油机下方作业。11时30分，柴油机1只吊耳松脱，柴油机坠落，将李某砸伤，抢救无效死亡。

✔ 短评：

①吊装作业时，无关人员不能进入警戒线内，任何人不得位于吊臂、被吊重物的下方；②吊装作业时，吊耳、吊装绳锁扣都要上满丝扣；③在吊装作业全过程中，除注意自身安全外，还要做到自己的作业行为不能危及别人的安全，还要做到监督、纠正共同作业的其他人员的不安全行为。

9．吊装管线，致1人死亡

2009年9月27日，某石化检修车间起重班3人在气体联合车间气化装置1700#现场进行管线吊装作业，要将一根总长16.9m、直径114mm、带有3个弯头的预制管道安装到管托上。由于作业现场东侧上方有大量工艺管道，现场人员决定先用人力将管线东头抬到管托上，然后再用吊车将管线吊到西侧管托上。在将管线东头抬到2.4m高的管托上后，司索工王某某独自站在0.9m高的脚手架上，用手扶管线。起重班长张某某和姚某到西侧吊装作业。

13时30分，在管线被吊起后，由于起吊的速度较快，在直管段离地瞬间，管线西侧第3个弯头向南发生摆动，管线东头向北偏移，从管托中滑出，将管线东侧站在脚手架上手扶管线的王某某刮倒，管线砸中其头部，经抢救无效死亡。

✔ 短评：

①吊装作业时，起重人员要选择安全位置站立，不得站在容易被起重物碰撞、挤压的位置，不得站在吊臂、被吊重物的下方，不得站在容易发生次

生事故的位置，要与被吊重物保持足够的安全距离，要站在能进能退的位置；②对于复杂形状、异形的吊件，如特长吊件，半径特大吊件、弯曲形状不规则吊件，事前要作风险识别，找准重心，找准吊点，确定如何绑牢吊装绳；③吊装作业时，司机操作吊机起升、回转速度不能过快，要缓慢进行；④吊装作业时，要采用溜绳、倒链等可靠措施对被吊重物进行固定，不能任由被吊重物摆动、旋转或碰撞；⑤大型的、复杂的吊装作业，要制定专门的吊装方案。

10．吊装炉管挤压致1人受伤

2000年11月3日，某地乙烯项目裂解炉施工现场。某设备安装工程公司起重班指挥30t塔吊，吊装F型炉管。因吊点选择在管段中心线以下，同时未采取防滑措施，造成起吊后钢丝绳滑动，管段急速下沉0.9m，在强大外力作用下，使钢丝绳在卡环处断裂，钢管坠落，将刚从裂解炉直爬梯下到地面，准备换氩气的电焊工付某挤压致伤。

短评：

①捆绑吊装绳，如果吊装绳容易在被吊重物上滑移，就要采取防滑措施。因为吊装绳在被吊重物上滑移，就会出现重心偏移问题，导致被吊重物失稳、摆动、碰撞，导致吊装绳、吊具、吊机因受力不均匀而受到损坏，造成吊装事故；②吊装作业，用警戒线划定的危险区，现场其他作业人员要有安全意识，不进入危险区内，起重监护人员要就此做好现场安全监督。

11．3机协同吊装，致5人死亡

2002年3月15日，某炼油厂140万t /年延迟焦化装置扩能改造项目工程，采用主吊机（主臂为85.3m，回转半径32m，额定起重量为307.6t）和2台（225t、200t）汽车吊（225t、200t）配合抬吊，吊装焦炭塔（总质量为261.749t）。

某安装公司顾某、许某根据机械化施工公司提供的有关技术资料和口头交待的基础施工办法，编制了《重大设备塔架吊装施工方案》，并经副总工程师陈某批准。

根据某安装公司提供的基础施工平面图，某市政有限公司进行基础施工。2002年3月3日，机械化施工公司680 t 吊机进场组装，3月10日安装主吊臂后发现基础部分地面有渗水和沉降现象。

3月13日吊机安装完毕，考虑到680 t 吊机基础沉降问题，机械化施工公司主任郎某与吊装技术负责人王某研究后，在环形轨道下选择6处抽去了部分铁墩，改用13块钢质路基箱，最后，郎某决定如期吊装。

2002年3月15日开始吊装工作。焦炭塔提升时总质量为261.749 t，主吊机作业时回转半径实际约为29m。抬吊时，主吊机吊着塔顶，2台汽车吊抬着塔尾。10时35分，当主吊机提升至塔底高度约18m时，停止提升，主吊机开始向左（逆时针）回转，旋转约2m，主吊机的臂架系统发生斜向倾倒，主吊机的吊臂和所吊装的焦炭塔向一侧的焦炭塔钢结构及焦炭塔安装平台倾倒，伤及正在钢结构上施工的某防腐公司14名作业人员，当场造成5人死亡，10人受伤。

短评：

①吊装时，吊机底部基础沉降，最容易导致吊机失稳倾翻。基础出现100mm不均匀沉降，很可能在吊臂上方会出现1500mm的倾斜，吊机将失稳倾翻，因此，出现基础沉降，不能再进行吊装，要重新考虑吊装方案，更换吊机、改变位置；②吊装作业、编制吊装作业方案，一定要掌握被吊重物的基础资料，掌握吊机基础资料、起重性能参数；掌握吊装空间环境条件和地面、地下的地质条件；③编制吊装作业方案，一定要反复核准，不能因错误的吊装方案，如吊机选择错误，为节省成本采用起重能力小的吊机等而导致事故发生；④多吊机协同吊装，是高风险作业，在编制好吊装作业方案的同时，一定要注意协同溜尾吊装、协同抬尾吊装、协同双机抬吊的截然不同，不能实际为抬尾吊装、双机抬吊，却按照溜尾吊装来选择吊机的起重能力；⑤多吊机协同吊装，存在起重负荷分配难于控制，实际载荷难于准确计算、各吊机互相影响的问题，因此，在选择吊机的起重能力时，要留有较大余量，卡边操作会发生事故；⑥吊装作业现场，不能同时有人员在其中交叉地进行其他作业，吊装前要清场。

第六节 应急管理事故案例

1．火炬管线断裂燃烧大火

1993年8月26日，某石化厂加氢裂化装置，发生火炬管线断裂燃烧大火事故。

发生火炬管线断裂爆燃着火事故，事故直接经济损失8.5万元，延误加氢裂化装置生产15天。

当班操作工零点接班后，因生产需要，将高压分离器顶压力改投手动调节。在高压分离器与低压分离器液面下降后，操作工通过液面控制仪表及室外开工旁路线手阀调整液位，之后在岗位打盹。4时30分，高压分离器压力升到16.5MPa，开始超压。6时07分，升到17.16MPa，高压分离器顶安全阀起跳失控不能复位，排放量增大。大量高压气体排入火炬管网，致使火炬管线受到强烈冲击，发生剧烈振动，造成9号路与7号路之间200多米管线从管架上甩落地面。6时30分，另外在距火炬约100m处有两个焊口发生断裂，大量可燃气体高速喷射出来并迅速扩散向地面沉积，约有15m长的火炬管线从5m高的龙门架上掉落，与地面碰撞产生火花，引爆可燃气体，在断裂口处着火燃烧。

短评：

①应急设备不完好。安全阀起跳后不能自动复位，致使大量气体放入火炬管网。②不遵守操作规程，设施维护不当，造成紧急情况加剧。操作工对管线脱水不认真，致使加氢裂化火炬线内存液，安全阀起跳后，大量高压气体喷出，高速气体在管内流动时将液体推向前方，在管线高跨前积聚产生水

击，使管线受到强烈冲击而甩落、断裂。③没有及时实施应急处理。系统超压不及时处理，安全阀不能自动复位也不及时处理。④不遵守劳动纪律、操作纪律，影响应急处理。操作工在岗位打盹。

2．油罐硫化亚铁自燃

1999年2月10日，某石化厂精制车间发生油罐硫化亚铁自燃事故。

2000m^{3}汽油罐（内浮顶罐）发生硫化亚铁自燃，引起火灾事故，事故造成直接经济损失2.89万元。

当天，汽油罐（内存1020t汽油）的罐内浮船上部空间突然发生爆燃着火，油罐顶的半固定式泡沫发生器随即被拉断、错位。3h后大火被扑灭。

✔ 短评：

要科学设置消防应急设施。油罐顶不应设置半固定式泡沫系统，应在油罐安装固定式消防泡沫系统，在围堰外安装半固定式泡沫系统。在油罐安装固定式消防泡沫系统，主要用于扑灭油罐内大火；在围堰外安装半固定式泡沫系统，主要用于扑灭油罐外地面流淌火。

3．冷库氨气泄漏

2007年1月10日，某石化厂的一个冷库发生氨气泄漏事故。

在自行抢修3h未果的情况下，向消防队报警。消防人员到达2h后，险情得到基本控制。

泄漏的冷库总面积不足100m^2，泄漏管线连接的压缩罐内有近7t液氨。

由于管线长期失修，加上天气寒冷致使阀门与管线连接点内的阀门处受损，从而引发泄漏。

✔ 短评：

①应急报警要及时。不能在事故发生3h后才报警。②这类企业要有液氨泄漏应急预案，并按季演练。③这类企业要备有液氨泄漏的应急器材。④易出现紧急情况的设备上的关键部位，要加强检查维护。

4．高压线路触电死亡

2007年3月6日，某石化厂发生高压线路触电死亡事故。

6时10分，6kV高压线路发生速断动作跳闸；8点20分，电工按电力调度的通知，对线路巡线，查找故障，在处理故障过程中，头部误碰触到高压开关的母排，发生人员触电死亡事故。

死亡电工是专责监护人，脱离监护岗位，从事故障处理工作；在两台高压柜之间的联络电缆未断开带电且又没有采取安全措施的情况下，进行故障处理工作，且头部碰到两台高压柜之间联络开关的带电母排，触电死亡。

《国家电网公司电力安全工作规程（线路部分）》中规定“专责监护人不得兼做其他工作”；在电力线路工作，其中的停电安全措施《规程》中还规定“断开线路上需要操作的各端上（含分支）断路器（开关）、隔离开关（刀闸）和熔断器（保险）”。

短评：

①实施应急处理，虽然情况紧急，但是也要有分工负责，有工作程序，不能违反工作规程，要遵守有关规定，不得从事个人不能胜任的工作，不得从事超出个人职业资格范围的工作。②实施应急处理，要注意个人安全。③针对高压线路发生速断动作跳闸，电力企业要有应急预案，并按月演练。

5. 变电所火灾

2004年5月12日，某石化厂发生变电所火灾事故。

6kV变电所值班人员发现3#主变6kV侧7593开关速断保护动作跳闸，2号配电室内有烟雾。当值班人员赶到6kV Ⅱ配电室时，发现6kV Ⅲ段母线PT柜有明火，6kV Ⅲ段母线停电，3#主变所有表计均无指示。值班人员立即将事故情况汇报厂调度等部门、并打电话报火警。站内在场人员立即用配电室内手提灭火器及站内小车干粉灭火器进行灭火，直至消防人员赶来。12时20分6kV Ⅲ段母线PT柜明火被扑灭。

在灭火过程中，电气专业人员对于干粉的用量，以及喷射干粉的位置进行了严格控制，使6kV Ⅲ段设备得到了严密的保护，因而6kV Ⅲ开关柜内进入的干粉较少，大大有利于尽快恢复6kV Ⅲ段母线，6kV配出线恢复送电。

短评：

在现场，要正确配备适合使用的应急设备器材。在变电所内，不应配备干粉灭火器，应配备二氧化碳灭火器；二氧化碳灭火器数量充足，且要放置在方便取用和可以安全取用的位置。

6. 硫化氢中毒死亡

2004年11月29日，某石化厂发生硫化氢中毒死亡事故。

设备安装维修公司仪表工在加氢装置进行仪表维修时，发生硫化氢中毒严重昏迷，最终抢救无效而死亡。

仪表维护班王某、魏某，接到加氢装置脱硫汽提塔回流罐液位指示失灵的通知后，在班长的陪同下一起到现场进行处理。王某在处理回流罐液位浮筒底部排凝阀时，含有硫化氢的烟雾突然从排凝阀排除，没有任何防范的王某当即中毒晕倒，送医院抢救无效死亡。

短评：

虽然属正常的现场作业，但只要是危险作业，即使并未出现紧急情况，也要有应急措施，将应急措施做在前，有备无患。王某在进行涉及硫化氢作业过程中，应事先佩带隔离式呼吸防护用具，佩戴便携式硫化氢监测仪，以防介质泄漏，同时，打开排凝阀介质要密闭排放，办理硫化氢作业许可证。

7．硫化氢中毒伤亡

2003年1月1日，某石化厂发生硫化氢中毒伤亡事故。

硫化氢中毒伤亡事故，造成1人死亡，3人轻度中毒，直接经济损失5.6万元。

输电杆倒塌，电线短路，致使两路110kV进线瞬间晃电，造成二催化、焦化、重整加氢、空压站等生产装置和公用工程系统全面紧急停工。催化、焦化等主要装置紧急停工，大量燃料气涌向气柜和火炬。为防止气柜上升过快（气柜此时高度为8.5m，安全高度10m，极限高度为12m），在控制室内关闭气柜入口气缸阀未果的情况下，气柜操作工孙某到现场关气柜入口手阀。在关到6扣时，气柜水封突然被瓦斯气冲破，使得大量的含硫燃料气（事后化验气柜内燃料气中的硫化氢含量为9%）连同凝析油、含硫污水冲出，孙某在撤离距气柜15m处被硫化氢熏倒，送医院抢救无效死亡，另有3名现场和控制室操作工轻度中毒。

短评：

①在紧急情况已经发生，投入应急抢险工作的人员，要按照要求配戴防毒用具，做好个人安全防护工作。在气柜超高，自动关阀未果的情况下，气柜操作工孙某到现场实施紧急关气柜入口手阀，应配戴防毒用具。②焦化、催化等主要生产装置已经扩能改造，产能提高，火炬、气柜等属于应急设施，也要相应扩大其处理能力。③设计人员、安全生产人员对应急设施做设计或设计审查，要考虑到紧急状态（装置因停水、停电、停气而紧急停工）下应急设施的处理能力。④在紧急事故状态下，装置应能及时实现自动隔离、切断、关闭系统，控制物料来源。要特别注意风动自动关闭、电动自动关闭设备，在停风、停电情况下，不能实施自动关闭的问题，要设置有备用风源、备用电源。⑤重要应急设备，应设置联锁装置。气柜应有联锁装置。

8．人员热水烫伤

2004年2月13日，某石化厂制氢装置发生人员热水烫伤事故。

锅炉给水预热器膨胀节发生渗漏，装置设备人员、工艺人员及施工保运人员到达现场，制定紧急处理措施。突然膨胀节发生爆裂，104℃、3.6MPa的锅炉给水泄出，造成4人头部及身体烫伤。

✔ 短评：

在紧急情况已经发生，投入应急抢险工作的人员，要注意考虑到现场潜在的、暂时隐性的危险，要注意考虑到现场事故扩大带来的危险，要确定可以进入现场人员，控制人员进入现场的时间。

9. 氮封超压，储罐爆裂

2004年9月21日，某石化厂发生储罐氮封超压爆裂事故。

氮封的精已烷罐超压、爆裂。氮封的精已烷罐采用重力平衡式调节阀控制氮气压力。

精已烷罐高6m、直径4m、设计容量80m^{3}设计压力0.1MPa、工作压力0.03MPa，属拱顶罐，内存有部分已烷。装置正在检修，仅对罐进行了氮气保护，没有进行其他操作。而用于保护的氮气主要依靠PICI2210控制氮封的压力，经过减压至0.2MPa后进氮气平衡罐，然后通过管线与精已烷罐顶相连，氮气平衡压力为0.03MPa。

仪表人员在确认线路断开后，到现场拆除PICI2210和LI1206两块仪表。在PICI2210回路中，安全栅接触不良，接线端虚接，导致PICI2210指示错误，使得氮气进气阀全开，泄压阀全关，压力达到0.2MPa左右，导致精已烷罐超压3.5h后爆裂。

仪表工接线处理时，未按规定对处于自动工作状态调节阀切换为手动操作，使系统失控、超压。精已烷罐上没有呼吸阀等紧急泄压设施。操作工巡检不到位，没有严格监表，在仪表失灵到事故发生长达3.5h的时间里没有发现罐超压。

✔ 短评：

①应急设施要配备齐全。氮封罐要设置有呼吸阀等紧急泄压设施。②应急设施要与主体设备同时设计、同时施工、同时投入使用，做到“三同时”。

10. 工业炉火灾

4月19日，某石化厂渣油加氢装置发生工业炉火灾事故。

12时，操作工发现分馏炉烟囱有大量黄烟冒出，判断为炉管泄漏，随即进行紧急停工。在处理过程中，炉膛对流室有大量浓烟冒出，渣油从炉膛流到地面并着火。13时20分将火扑灭。

15时25分，炉F201发生第二次着火，16时将火扑灭。在第二次着火过程中清扫现场的2名临时工被烧伤，其中1人重伤，1人轻伤。是因炉管硫腐蚀减薄，辐射段水平炉管距离弯头焊缝约15mm处开裂，渣油喷出着火。

第一次火灾扑灭后，急于抢修，在炉膛内温度较高，炉管内残余物料未进行处理、分馏炉不具备交付检修、安全防范措施不落实的情况下，民工清理现场和抢修，导致第二次着火。

短评：

①在应急处理的事后现场，要实行清理，采取安全措施，对现场实施安全处理，包括现场检查、清理可燃物、现场监测、完全彻底切断危险物来源等。②在应急处理后，要先确认现场安全，后再投入检修作业，切不可急于施工、急于恢复生产，轻视安全。

11．硫化氢中毒死亡

1月1日，某石化厂发生硫化氢中毒事故，造成3人死亡。

为拆迁做准备，焦油加工车间组织清理燃料油中间储罐，储罐是一个长7.1m、直径2.3m的卧式罐。16时许，没有对作业储罐进行隔离，未按照安全作业规程对储罐进行吹扫、置换、通风，也没有对罐内有毒、有害气体和氧气含量进行分析，一名负责清理的工人仅佩戴过滤式防毒口罩（非隔离式防护用品）就进入燃料油中间储罐进行清罐作业，进罐后即中毒晕倒。负责监护的工人和附近另外一名工人盲目施救，没有佩戴任何安全防护用品就相继进入罐内救人，也中毒晕倒。3人救出后抢救无效死亡。事后，从与发生事故储罐相连的两个产品储罐取样分析，硫化氢含量分别高达56ppm和30ppm。

短评：

①在应急状态下，要正确选用个人防护用品。负责清理的工人仅佩戴过滤式防毒口罩（非隔离式防护用品）就进入燃料油中间储罐进行清罐作业，固然是个人防护用品选择不正确，但是已经出现紧急情况（在清罐过程中出现有人员中毒的情况）下，负责监护的工人和附近另外一名工人盲目施救，没有佩戴任何安全防护用品就相继进入罐内救人，更加错误。2人应佩戴空气呼吸器进入储罐内救人，并要留有1人在储罐外监护。②出现紧急情况，现场人员除要采取应急措施外，还要立即报告。

12．氢气爆炸死亡

2001年2月27日，某石化厂合成车间发生氢气爆炸死亡事故。

16时45分，合成车间管道突然破裂，随即氢气大量泄漏，操作工关闭主阀、副阀，全厂紧急停车。大约5min后，大家在紧张讨论如何处理事故时，因产生火源，突然发生爆炸，在面积约千余平方米的爆炸中心区，合成车间近10m高的厂房被炸成一片废墟，附近厂房数百扇窗户上的玻璃全部震碎，爆炸致使合成车间内30余名人员当场死亡3人，另有2人因伤势过重抢救无效也死亡，其余26人受伤。

短评：

在应急处理现场，因有可燃气、易燃物，一定要控制不能存在火源，避免发生二次事故。包括：车辆要熄火，车辆不能进入现场；在现场不能使用通讯工具；管线、设备接地良好，防止气体泄漏产生静电放电；现场设备设施不能存在高温表面，防止引燃现场可燃气体；要使用防爆电气和防爆工具；人员要穿不易产生静电的衣服，防止产生危险的人体静电；作业过程不能产生火花。

13. 双氧水装置着火

2007年8月18日，某石化厂双氧水装置发生着火事故。

在装置退料过程中，外操发现碱性工作罐V3608放空管有工作溶液外冒，即报告总控室并关闭进料阀，运行班长赶到现场后，发现V3608罐底变形，便指挥操作工开大V3608罐至工作液受槽V3303的溢料阀，直至不再冒料后关闭。

15min后，氢化、氧化单元的工艺参数明显波动，氧化受槽V3204放空管喷料着火，40min后消防队将火扑灭。

按照操作规程，V3608罐液要经分析合格后才能排入工作液受槽V3303，而在事故处理中，没有分析直排，导致碱液遇双氧水激烈反应，喷料着火。

短评：

在应急处理时，也要遵守操作规程，要有预案，按预案处理，切不可紧张乱操作，否则会导致更大事故。按照操作规程，V3608罐液要经分析合格后才能排入工作液受槽V3303，而在事故处理中，没有分析直排，导致碱液遇双氧水激烈反应，喷料着火。

14. 重整装置火灾

2004年11月17日，某石化厂重整装置发生火灾事故。

13时10分，重整装置操作工巡检时发现稳定塔（介质为汽油组分，压力0.8MPa，温度180℃）塔底泵（泵-206/1）有异响，切换至备用泵后，将该泵入口阀（闸板阀，*DN*200，*PN*25）关闭。15时钳工将泵解体后发现泵入口有高温油气漏出，车间现场监护人用水冷却。17时20分泵回装，因密封泄漏而重新拆下更换密封。18时15分夜班操作工接班后，在试图将泵入口阀进一步关严时，内漏突然增大。18时30分，高温油气扩散至炉区被引燃。大火将泵廊上方1根氢气线（*DN*80）、1根氮气线（*DN*80）和1根污油线（*DN*80）烧爆，氢气漏出着火。19时20分火势得到控制，为防止油气爆炸，没有将余火完全扑灭，直到21时将余火全部扑灭。

短评：

①应急方法要正确。对解体的泵，即使是正常情况，在其入口管上的入口阀处，也应加装盲板。拆开泵后，发现入口阀有内漏，更应实施应急处理，加装盲板，不应只是用水冷却了事。另外，采用更大力气来关闭内漏阀门，也不正确，会导致更大泄漏。②出现紧急情况，要注意检查周围环境，是否存在不安全因素。泵油气泄漏，周围就是炉区，有明火，引发火灾事故将是必然性的。

15. 焦化装置火灾事故

2004年11月1日，某石化厂焦化装置发生火灾事故。

焦化装置正在进行开工试车。31日24时，焦炭塔进行切换，将焦化进料切至B塔。1日12点40分左右，除焦班操作人员将焦炭塔A底盖的短节拆开后，开始有油从法兰缝隙流出，沿着溜槽流入贮焦池，且油量逐渐增大，直至喷到运行的B塔裸露入口高温短节上，自燃起火，并将贮焦池水面浮油引燃。装置紧急停工。14时30分火势得到控制，15时10分彻底扑灭。

短评：

紧急情况的出现，很多不是偶然的，事前都有迹象，因此，避免出现紧急情况，将危险消灭在萌芽状态，比危险出现后的应急处理更重要。在焦炭塔切换操作中，未关严A塔急冷油管线，急冷油继续进入塔内；焦炭塔放水不彻底，导致大量油品残留塔内。拆卸短节前没有根据焦炭塔底压力表进一步确认水是否放净。短节拆开后，大量急冷油喷出。操作工盯表不认真，因急冷油没有切换而造成B塔出口超温近10h而没有引起重视，没有检查流程，失去了避免事故的时机；同时在A塔冷焦过程中，急冷油经接触冷却塔后，随冷凝水排入贮焦池，导致火灾扩大。

16. 氮气窒息死亡

2002年9月25日，某石化厂制氢车间发生氮气窒息事故。

2#油气化炉停炉检修，该炉前段时间已安装一条临时氮气管线，但是没有按规定办理变更手续。2名工人入炉检修作业，因临时氮气管线上的阀门产生内漏，氮气进入炉内，导致2名工人氮气窒息死亡。

短评：

①不科学的变更、实施变更没有按规定办理手续或者有变更但其他人员不知情等，都会导致发生紧急情况，且针对这些紧急情况，通常没有制定应急预案，容易导致应急失败。②重要的变更，在变更完成后，应及时补充制

定应急预案，或者修改现有应急预案，并组织演练。

17. 石脑油管线爆裂火灾事故

2004年7月23日，某石化厂发生石脑油管线爆裂火灾事故。

8#汽油罐区通过L811线向11#石脑油罐区输送石脑油。23日13时L811线厂外管段破裂，石脑油沿水渠扩散，13时45分起火，13时50分扑灭。泄漏油品流入农田，16时25分再次起火，过火水沟950m，16时45分扑灭，造成了很坏的社会影响。

按照管线消压管理规定，管线停输时每2h消压一次。该岗位职工没有按规定对管线进行泄压，气温升高、日晒等造成管线压力升高、憋压破裂。

短评：

日常工作就包含有很多应急管理工作，做到事前把关，防患于未然。给管线定时消压，就是把应急工作做在前，避免紧急情况发生，如果工作没有做到位，紧急情况就会发生。

18. 氯气泄漏事故

2004年7月27日，某石化厂发生氯气泄漏事故。

在槽车接卸液氯的过程中，槽车出口至汽化器之间的金属软管突然断裂，造成液氯泄漏约3min，200公斤左右液氯外溢，致使部分职工及周边群众吸入少量氯气，8人住院观察，其中4人属轻微中毒，4人有刺激性反应。

槽车出口至液氯汽化器之间的阀门没有打开，造成系统憋压泄漏；发生事故后，槽车驾驶员逃离现场，未能做到及时关闭槽车阀门，导致泄漏量增加，事故扩大。

短评：

①出现紧急情况，现场人员在安全情况下，要尽量采取应急处理措施，消灭事故或控制事故扩大，并报告。槽车驾驶员不应逃离现场，应立即关闭槽车阀门，避免泄漏量增加，扩大事故。②对于危险性较大的作业，即使是简单的应急方法，也要有预案，并演练。有泄漏时，紧急关闭槽车阀门，切断泄漏源，属简单的应急方法。

19. 催化装置气压机组故障停车

2004年4月29日，某石化厂催化装置气压机组故障停车。

23时49分23秒，催化气压机组透平振动高，在联系处理过程中，23时50分15秒，机组振动超过联锁设定值，控制系统发出联锁停车信号，但现场主汽门卡涩未关到位，机组未能立即停车，现场检查汽轮机主汽门杠杆挂钩卡住，操作员手动打闸停机。

机组停车后，维修人员4月30日对汽轮机进行解体检查，发现轴瓦有损伤，转子轴径和密封蒸汽气封体受到损坏，转子叶轮片没有损坏，静叶及喷嘴完好，级间气封磨损较小，其余部分没有检查到损坏痕迹。检查后立即将转子送往维修厂家进行修复。并组织装置停工等待。

该机组汽轮机为进产品，1979年出厂，1988年安装投用，功率为2765kW，转速8100r/min，为凝气式通用工业透平。

机组振动报警并联锁动作后，机组理应停机（实际上机组并没有停机），经历较长时间后，操作人员才发现机组没有停机，处理不果断。

机组停车后，因为备件不足，因此检修时间较长，导致装置不得已停工等待，造成较大损失。检查存备件，除了存有汽轮机径向和止推轴瓦、气封部件外，还应有转子备件和气封体备件。

✔ 短评：

①出现应急情况，有关人员要立即检查确认，包括在控制室监盘检查和现场检查。机组振动报警并联锁动作后，机组理应停机（实际上机组并没有停机），经历较长时间后，操作人员才发现机组没有停机，处理不果断不及时，容易导致事故扩大。②应急备件要备足，且维护保养要好，处于良好备用状态，应急物资不仅包括通常的应急器材，还应包括应急备件，特别是目前厂家已经不生产，需要代用的备件以及采购周期长的备件和关键机组的备件。

20．催化裂化装置泄漏

2004年8月26日，某石化厂催化裂化装置发生泄漏事故。

操作工现场巡检时发现E1215/E1217B进口*DN*250闸阀处泄漏，由于系统油浆温度、压力高，使油浆从阀门法兰堵漏处泄漏并从铁盒的螺栓孔中泄漏中出来。泄漏处的阀门无法与系统隔离，现场漏点无法处理，装置停车抢修。

2003年5月，E1215/E1217B进口*DN*250闸阀已出现泄漏，经采取打卡具、注胶、带压堵漏、包铁盒子处理，维持运行。阀门泄漏的原因一是在装置上次检修时由于空间狭小，施工质量不高；二是缺乏处理阀门泄漏的经验，致使泄漏情况得不到有效控制。

✔ 短评：

①遇有比较危险的情况，有条件停车实施应急处理的，应停车应急处理更为安全。②应急处理不能留下安全隐患。E1215/E1217B进口*DN*250闸阀泄漏，油浆介质温度、压力高，采取打卡具、注胶、带压堵漏、包铁盒子的方法进行应急处理，并维持运行10个月，是安全隐患。

第七节 其他施工作业安全事故案例

1. 在吊车行车轨道上作业，致1人死亡

2006年11月6日，某建设公司夏某、吴某等3人，在50t行车轨道下进行焊接作业，其中配合焊接作业的吴某，在探头观察第一台运行的行车时，被跟随运行的第二台行车挤伤头部，经抢救无效死亡。

短评：

①在轨道上进行检修作业，应停止运行行车；②如果不能停止运行行车，应派出专人监护检修作业；③行车在行走过程中，应打铃示警。

2. 拆除支撑，致1死4伤

2007年3月31日，某施工单位在新建炼化装置施工。当8名工人正在绑扎钢筋笼时，4名木工却开始拆除支撑钢筋笼的脚手架，导致钢筋笼失稳倒塌，将正在钢筋笼内作业的6人压在钢筋笼内，1人死亡、4人重伤。

短评：

①拆除工程，且是交叉作业，具有很大危险性，现场要有人员监护和指挥协调；②在拆除工程中，承重支撑结构应最后拆除；③应有详细拆除方案，明确拆除顺序；④有人在上方作业，禁止在下方进行导致结构失稳的作业。

3. 带电拉电缆，致1人死亡

2007年9月4日，某公司在炼化厂内焦化工地进行炉管用电热处理。施工人员在布线前先合上了电闸，另1名施工人员在拉移电缆过程中触电，抢救无效死亡。

短评：

①在拉设电缆线路、拆除电缆线路、移动配电箱、移动用电设备或者检修用电线路设备前，都要先断电，由电工验电；②在再送电前，要检查确认人员、线路、设备已处于安全状态，不会触电；③断电、送电，都要挂断电、送电牌。

4. 高空坠物，致1人死亡

2007年10月11日，某公司5名铆工在炼化厂内建设工地，调整除焦钻杆的导轨。当调整到64m时，下方62m处的斜铁松动、下滑，将现场正在吊装保温板的1名作业人员砸伤，抢救无效死亡。

短评：

①在高处作业，有上、下层交叉作业的，中间应有防护密封隔层或者防护网；②在高处作业，容易产生坠落物，且地面上易出现人员走动的，要在地面上设置警戒线，特别危险的，还要在地面设置监护人员；③在高处不能有松动件，材料不能随便放置，工具要放入工具袋内，防止高空坠物。

5. 开挖基坑，致1人死亡

2007年10月16日，某公司3名员工在炼化厂内进行消防水管线焊接作业。由于开挖管沟没有采取放坡、支护等措施，再加上回填土为粉煤灰，遇水流失，开挖沟发生塌方，将正在沟内作业的1名电焊工掩埋，抢救无效死亡。

短评：

①开挖沟、池、井、基础坑，要放坡、支护；②在开挖的沟、池、井、基础坑壁的边缘，产生裂缝，不能继续作业，抽水易塌；③在的沟、池、井、基础坑壁的边缘，不能堆放钢管、水泥管等材料和挖出的松土。

6. 锅炉顶上拖拽钢丝绳，高空坠物致1人死亡

2008年10月18日，某公司4人在炼化厂内施工，其中1人在高度约为56m的锅炉顶横梁上拉拽钢丝绳，将固定在大板梁上的自制辅助吊具拉开，吊具坠落，击中地面上1名施工人员，抢救无效死亡。

短评：

①在高处拉、推、搬、放置物件，要注意不能造成高空坠物；②如果可

能产生高空坠物，要在地面上拉设警戒线；③安全帽只能承受比较小的冲击力，只有帽顶部正中的一小块面积能承受大一些的冲击力，帽顶部侧边部分只能承受很小的冲击力。

7．行车道上睡觉，发生交通事故死亡1人

2008年7月25日上午11时55分左右，巴陵石化公司环氧树脂事业部铲车工刘永高在清理完卸盐现场、驾驶铲车回停放点的途中，不慎将正在行车道上睡觉、等待卸盐的2名运盐司机碾伤，经抢救无效死亡。

短评：

①在专门作业场所的行车道，要有标识车道的划线，划线要采用标准警戒色；②人员不能在车道上停留、休息、睡觉；③车道不允许存在视线死觉，不能堆放、安装物体阻挡人员视线；④在拐弯处，要装设反光镜。

8．维修电梯，死亡1人

2008年9月4日上午8时30分，某石化公司社区管理部电气中心电梯维护班姜某、冯某等人在居民生活区例行检查电梯时，发现电梯有杂音。姜某、冯某二人进入轿箱顶部，当姜某启动电梯，低头检查异常声音的部位时，听到冯某喊叫，发现冯某被卡在轿厢与井壁之间，经抢救无效死亡。

短评：

①2人、多人协同作业，要互相关注另一方安全，做到互不伤害、不伤害自已；②启动电动、转动设备前，一定要检查安全条件，确认好其他人员的安全；③在电梯检修规程中，要明确启动电梯前，要检查确认什么安全条件。

9．清扫作业机械伤害，死亡1人

2008年7月18日6时30分，某石化公司合成橡胶SBS车间S–703工号挤压脱水机返料停车，履带干燥机等设备保持运转。班长胡某带领黄某等2名员工清扫现场粉尘胶。胡某、黄某站在干燥箱出口段顶部的保温隔板上清扫粉尘。6时49分左右，隔板突然塌陷，胡某脚部被旋转的耙胶器（40r/min）卡住，身体被卷入干燥箱内。现场人员在停运有关设备后将其救出。胡某头部受伤，经抢救无效死亡。

短评：

①清扫、维修、拆卸设备，要先关停设备，将设备断电、验电后，才能进行清扫、维修、保养、拆卸设备；②作业过程中，人员在站立于某一位置前，要先检查确认该部位的强度和安全情况，如厚度、腐蚀、支撑、打滑、烫脚等情况。

10. 安装花纹板物体打击，死亡1人

2012年3月18日，某建设公司员工在某石化350万t/年催化裂化装置建设工地施工，7名员工在框架外取热器平台（标高为21.2m）上安装花纹板。8时左右，开始拖拽1张待铺设的花纹板（规格：6000mm × 1260mm × 5mm，重约300kg）就位。在移动过程中，由于钢板的一部分悬到平台外面，作业人员拖拽不住，花纹板滑落，导致正在地面作业的本单位员工王某、胡某受伤。王某经抢救无效于9时30分左右死亡，胡某轻伤。

短评：

①钢板铺设作业，要使用导链拖拽，且应采取可靠的固定和防坠落措施；②在高处进行安装施工作业，地面要拉设警戒线；③人员不能擅自进入危险警戒区域内；④特别容易发生物件坠落的作业，地面要有监护人员，防止人员进入危险区域。

11. 把紧丝堵氢氟酸灼伤，死亡1人

2009年6月12日，某石化公司烷基化装置处于停工、带压状态。10时左右，有关人员发现分馏塔回流泵出口阀（*DN*150）的排凝丝堵轻微泄漏。班长蔡某随即安排外操朱某带领某石化检修安装公司（改制单位）员工范某到现场处理。10时40分，在把紧过程中，丝堵突然整体断裂，含氢氟酸的丙烷气体（压力为2.0MPa）喷出，范某被严重灼伤，抢救无效于当晚死亡。

短评：

①在作业前，要做好风险识别，识别出管线内带压有危险性大的物料，把紧过程中排凝短接、丝堵会断裂造成泄漏；②进行涉及酸、碱物料的操作、作业，要做好防酸、碱的个人安全防护措施，穿防酸、碱服，佩戴防酸、碱手套、眼镜、面罩。

12. 高压线下砍伐树木触电，死亡1人

2009年6月25日上午10时40分左右，某电力管理总公司供电线路管理队在砍伐220kV万伏线路下的树木过程中，1名电工不慎触电死亡。

在伐树过程中，手锯被卡，晃动树木想解锯时，线路对树木放电，导致触电。

短评：

①树枝接触或接近高压带电导线时，应将高压线路停电或用绝缘工具使树枝远离带电导线至安全距离，此前应严禁人体接触树木；②高压带电导线跨越道路，当有高车厢的车辆通过时，车厢顶至高压带电导线的净空距离，要大于在高压线路电压下的安全距离，特别是遇到大风大雨天气有车辆通过时。

第十章

施工作业规范相关条款及其现场落实

施工作业规范只有落实到现场，才能真正发挥其作用。在实际工作中，时有这种的情况，监督管理人员清楚规范要求，而施工作业人员却不清楚或者不愿意按规范要求执行。下面说明施工作业的主要规范中相关条款以及如何将规范条款落实到现场。

第一节 《化学品生产单位动火作业安全规范》（AQ 3022—2008）相关条款及其现场落实

本标准适用于化学品生产单位禁火区的动火作业，本标准不适用于化学品生产单位的固定用火区作业和固定用火作业。

条款号	条款具体内容	如何将条款内容落实到现场
5.1.1	动火作业应办理《动火安全作业证》	作业前现场检查《动火安全作业证》
5.1.2	动火作业应有专人监火	现场检查用火监护人
5.1.2	动火作业前应清除动火现场及周围的易燃物品，或采取其他有效的安全防火措施，配备足够适用的消防器材	（1）现场检查易燃物品清除情况； （2）现场检查防火墙设置、污水井覆盖、防火兜安装、盲板隔离等安全防火措施； （3）现场检查消防器材
5.1.3	凡在盛有或盛过危险化学品的容器、设备、管道等生产、储存装置及处于 GB 50016—2006 规定的甲、乙类区域的生产设备上动火作业，应将其与生产系统彻底隔离，并进行清洗、置换，取样分析合格后方可动火作业	（1）对照盲板图，现场检查盲板隔离和管道断口； （2）现场检查取样分析单

续表

条款号	条款具体内容	如何将条款内容落实到现场
5.1.4	凡处于GB 50016—2006规定的甲、乙类区域的动火作业，地面如有可燃物、空洞、窨井、地沟、水封等，应检查分析，距用火点15m以内的，应采取清理或封盖等措施	现场检查排污沟、井、地漏覆盖情况
5.1.4	对于用火点周围有可能泄漏易燃、可燃物料的设备，应采取有效的空间隔离措施	现场检查防火墙隔离措施
5.1.5	拆除管线的动火作业，应先查明其内部介质及其走向，并制订相应的安全防火措施	现场检查管线倒空、吹扫蒸煮、置换、加装盲板隔离、取样分析、张贴动火切割口标签等安全防火措施落实情况
5.1.6	在生产、使用、储存氧气的设备上进行动火作业，氧含量不得超过21%	（1）列入用火作业管理制度； （2）检查取样分析单
5.1.7	五级风以上（含五级风）天气，原则上禁止露天动火作业；因生产需要确需动火作业时，动火作业应升级管理	（1）列入动火作业管理制度； （2）作业前检查是否是属于生产急需动火； （3）作业前检查《动火安全作业证》，确认是否已经升级管理
5.1.8	在铁路沿线（25m以内）进行动火作业时，遇装有危险化学品的火车通过或停留时，应立即停止作业	（1）作业前安全讲话作出强调； （2）作为动火监护人重点监护的内容； （3）现场检查
5.1.9	凡在有可燃物构件的凉水塔、脱气塔、水洗塔等内部进行动火作业时，应采取防火隔绝措施	（1）在作业方案中明确防火隔绝要求； （2）作业前安全讲话作出强调，指出存在可燃物构件带来的风险； （3）作业前检查防火隔绝措施
5.1.10	动火期间距动火点30m内不得排放各类可燃气体；距动火点15m内不得排放各类可燃液体；不得在动火点10m范围内及用火点下方同时进行可燃溶剂清洗或喷漆等作业	（1）列入动火作业管理制度； （2）现场检查
5.1.11	动火作业前，应检查电焊、气焊、手持电动工具等动火工器具本质安全程度，保证安全可靠	动火作业前，施工人员、车间人员联合检查动火机具
5.1.12	使用气焊、气割动火作业时，乙炔瓶应直立放置；氧气瓶与乙炔气瓶间距不应小于5m，二者与动火作业地点不应小于10m，并不得在烈日下曝晒	（1）列入动火作业管理制度； （2）现场检查

续表

条款号	条款具体内容	如何将条款内容落实到现场
5.1.13	动火作业完毕，动火人和监火人以及参与动火作业的人员应清理现场，监火人确认无残留火种后方可离开	（1）列入动火作业管理制度； （2）作业前安全讲话作出强调； （3）现场检查
5.2.1	在生产不稳定的情况下不得进行带压不置换动火作业	（1）列入带压作业管理制度； （2）现场检查
5.2.2	特殊动火，应事先制定安全施工方案，落实安全防火措施，必要时可请专职消防队到现场监护	（1）列入动火作业管理制度； （2）现场检查
5.2.3	特殊动火，动火作业前，生产车间（分厂）应通知工厂生产调度部门及有关单位，使之在异常情况下能及时 采取相应的应急措施	（1）列入动火作业管理制度； （2）现场检查
5.2.1	动火作业过程中，应使系统保持正压，严禁负压动火作业	（1）列入带压作业管理制度； （2）现场检查
5.2.1	动火作业现场的通排风应良好，以便使泄漏的气体能顺畅排走	检查动火作业现场的通排风
6.1	动火作业前应进行安全分析，动火分析的取样点要有代表性	（1）在作业方案中明确取样点； （2）检查取样分析单
6.2	在较大的设备内动火作业，应采取上、中、下取样；在较长的物料管线上动火，应在彻底隔绝区域内分段取样；在设备外部动火作业，应进行环境分析，且分析范围不小于动火点10m	（1）在作业方案中明确取样点和具体取样要求； （2）检查取样分析单
6.3	取样与动火间隔不得超过30min，如超过此间隔或动火作业中断时间超过30min，应重新取样分析；特殊动火作业期间还应随时进行监测	（1）检查取样与动火的时间间隔； （2）检查重新取样分析落实情况； （3）检查特殊动火监测情况，特殊动火在作业前安全讲话要明确随时进行监测的要求
6.4	使用便携式可燃气体检测仪或其他类似手段进行分析时，检测设备应经标准气体样品标定合格	检查校验、检定报告
6.5	当被测气体或蒸气的爆炸下限大于等于 4%时，其被测浓度应不大于 0.5%（体积分数）；当被测气体或蒸气的爆炸下限小于 4%时，其被测浓度应不大于 0.2%（体积分数）	检查取样分析单

第二节 《化学品生产单位受限空间作业安全规范》（AQ 3028—2008）相关条款及其现场落实

本标准适用于化学品生产单位的受限空间作业。

条款号	条款具体内容	如何将条款内容落实到现场
4.1	进入受限空间作业前应办理《受限空间安全作业证》	作业前现场检查《受限空间安全作业证》
4.2.1	受限空间与其他系统连通的可能危及安全作业的管道，应采取有效隔离措施	作业前，将工艺方案中的盲板图、表与现场管线上的盲板、断口点相核对，确认管线已经有效隔离。只有两种情况算得上是有效隔离：一是在管线上插入盲板；二是拆除一段管线
4.2.2	管道安全隔绝是采用插入盲板或者拆除一段管道的方法，不能用水封、关闭阀门等方法代替插入盲板、拆除管道	（1）作业前现场检查，不能出现用水封、关闭阀门等方法代替插入盲板、拆除管道； （2）作业前现场检查所插入盲板要有垫片，法兰螺栓要上齐且拧紧牢固
4.2.3	与受限空间连通的可能危及安全作业的孔、洞，应进行严密的封堵	（1）作业前现场检查孔、洞是否严密封堵，不能有渗漏和未封堵； （2）封堵点如果有压力积聚，要特别加固、增加支撑，要识别好压力冲开封堵点后的风险

续表

条款号	条款具体内容	如何将条款内容落实到现场
4.2.4	受限空间带有搅拌器等用电设备时，应在停机后切断电源，上锁并加挂警示牌	（1）检查停电申请手续和停电牌； （2）现场检查了解已断电、验电情况； （3）现场检查上锁和警示牌
4.3	受限空间作业前，应对受限空间进行清洗和置换	检查是否按工艺方案要求清洗和置换，特别注意蒸煮时间、吹扫时间、置换气体压力
4.3.1	受限空间作业，其中对氧含量要求：氧含量一般为18%~21%，在富氧环境下不得大于23.5%	作业前现场检查分析检测单
4.3.2	受限空间作业，其中对有毒气体（物质）浓度要求：有毒气体（物质）浓度应符合GBZ 2.1~2.2—2007的规定	作业前现场检查分析检测单
4.3.3	受限空间作业，其中对可燃气体浓度要求：当被测气体或蒸气的爆炸下限大于等于4%时，其被测浓度不大于0.5%（体积分数）；当被测气体或蒸气的爆炸下限小于4%时，其被测浓度不大于0.2%（体积分数）	作业前现场检查分析检测单
4.4	应采取措施，保持受限空间空气良好通风	检查受限空间通风情况，要求有对流通风，特别要尽量在受限空间上部、下部都打开有孔口，形成上、下对流通风
4.4.1	打开人孔、手孔、料孔、风门、烟门等与大气相通的设施进行自然通风	作业前现场检查，未开孔通风的受限空间，不能进人作业
4.4.2	必要时采取强制通风	作业前、作业中现场检查抽风机运转情况，要特别注意检查装抽风机的人孔口边缘要密封好，以及抽风机附近的孔口不能打开，这样都是为了防止抽风走“短路”，影响受限空间内深入部位气体的抽出
4.4.3	采取管道送风时，送风前应对管道内介质和风源进行分析确认	送风前，要注意检查分析和确认，防止用管道向受限空间送风时，误送入氧气、氮气、受污染的工业风或仪表风、工艺气体、蒸汽
4.4.3	禁止向受限空间充氧气或富氧空气	确认好氧气管线标准色和管线流程，要从多角度、多方面确认、排除，必要时多人确认；切不能凭经验、凭习惯、想当然、靠“大概、可能”的测猜行事
4.5.1	作业前30min内，应对受限空间进行气体采样分析，分析合格后方可进人	现场核准采样时间与进入受限空间时间的间隔，不能超出30min，否则重新采样分析

续表

条款号	条款具体内容	如何将条款内容落实到现场
4.5.2	分析仪器应在效验有效期内，使用前应保证其处于正常工作状态	（1）检查分析仪器上的效验标签，或者效验报告； （2）检测前先检查检测分析仪器
4.5.3	采样点应有代表性，体积较大的受限空间，应采取上、中、下各部位取样	作业前现场检查、了解采样点的点数及其方位
4.5.4	作业中应定时监测，最少每2h监测一次，如果监测分析结果有明显变化，则应加大监测频率	（1）定时监测要做出记录； （2）监测分析结果有明显变化，要停止作业，分析原因，向车间报告，加大监测频率
4.5.4	作业中断超过30min，应重新进行监测分析	现场检查分析检测单
4.5.4	对可能释放有害物质的受限空间，应进行连续监测	（1）在作业方案中明确连续监测的要求； （2）现场检查
4.5.4	情况异常时，应立即停止作业，撤离人员，经对现场处理，并取样分析合格后方可恢复作业	（1）作业前安全讲话提出要求； （2）在作业方案中明确连续监测的要求； （3）现场检查
4.5.5	涂刷具有挥发性溶剂的涂料时，应做连续分析，并采取强制通风措施	（1）作业前安全讲话提出要求； （2）在作业方案中明确连续监测和强制通风的要求； （3）现场检查
4.5.6	采样人员深入或探入受限空间采样时，应采取个体防护措施	（1）列入采样作业规程； （2）采样时要有生产车间人员现场配合
4.6.1	在缺氧或有毒的受限空间作业时，应佩戴隔离式防护面具，必要时作业人员应栓带救生绳	（1）作业前安全讲话提出要求； （2）在作业方案中明确个人防护的要求； （3）现场检查
4.6.2	在易燃易爆的受限空间作业时，应穿防静电工作服、工作鞋，使用防爆型低压灯具及不发生火花的工具	（1）作业前安全讲话提出要求； （2）进入受限空间前监护人员检查
4.6.3	在有酸、碱等腐蚀性介质的受限空间作业时，应穿戴好防酸碱工作服、工作鞋、手套等护具	（1）作业前安全讲话提出要求； （2）进入受限空间前监护人员检查
4.6.4	在产生噪声的受限空间作业时，应佩戴耳塞或耳罩等防噪声护具	（1）作业前安全讲话提出要求； （2）进入受限空间前监护人员检查
4.7.1	受限空间照明电压应小于等于36V，在潮湿容器、狭小容器内作业电压应小于等于12V	（1）在作业方案中明确照明电压的要求； （2）现场检查照明电压

续表

条款号	条款具体内容	如何将条款内容落实到现场
4.7.2	使用超过安全电压的手持电动工具作业或进行电焊时，应配备漏电保护器；在潮湿容器中，作业人员应在绝缘板上，同时保证金属容器接地可靠	（1）作业前检查漏电保护器，特别注意检查漏电保护器的起跳电流值和分断时间两个参数值； （2）由电工人员做漏电保护器动作试验
4.7.3	临时用电应办理用电手续	作业前检查用电许可证
4.8.1	受限空间作业，在受限空间外，应设有专人监护	（1）现场检查监护人，应由生产单位、施工单位双方派出监护人； （2）监护人未到位、或者监护人中途离开，不能作业
4.8.2	进入受限空间前，监护人应会同作业人员检查安全措施，统一联络信号	（1）列入进入受限空间作业管理制度； （2）现场检查安全措施落实情况； （3）现场检查监护人与作业人员之间是否有统一联络信号
4.8.3	在风险较大的受限空间作业，应增设监护人员，并随时保持与受限空间作业人员的联络	现场检查
4.8.4	监护人员不得脱离岗位	现场检查
4.8.4	监护人员应掌握受限空间作业人员的人数和身份，对人员和工器具进行清点	（1）列入进入受限空间作业管理制度； （2）监护人员要监督做好作业人员进出受限空间签名登记工作； （3）清点进出受限空间的工器具
4.9.1	在受限空间作业时，应在受限空间外设置安全警示标志	现场检查
4.9.2	受限空间出入口应保持畅通	现场检查，必要时在出入口搭设平台通道
4.9.3	多工种、多层交叉作业应采取相互之间避免伤害的措施	（1）尽可能避免出现这种情况； （2）采取更隔离措施； （3）作业前安全讲话提出注意事项
4.9.4	作业人员不得携带与作业无关的物品进入受限空间，作业中不得抛掷材料、工器具等物品	（1）作业前安全讲话提出要求； （2）监护人员监督； （3）现场检查
4.9.5	受限空间外应备有空气呼吸器（氧气呼吸器）、消防器材和清水等相应的应急用品	作业前现场检查
4.9.6	严禁作业人员在有毒、窒息环境下摘下防毒面具	（1）作业前安全讲话提出注意事项； （2）列入进入受限空间作业管理制度
4.9.7	难度大，劳动强度大、时间长的受限空间应采取轮换作业	（1）作业前安全讲话提出注意事项； （2）监护人员监督好轮换作业的有效实施
4.9.8	在受限空间进行高处作业，应按《化学品生产单位高处作业安全规范》（AQ 3025—2008）规定进行，应搭设安全梯或安全平台	（1）在作业方案中明确搭设安全梯或安全平台； （2）作业前现场检查安全梯或安全平台

续表

条款号	条款具体内容	如何将条款内容落实到现场
4.9.9	在受限空间进行动火作业，应按《化学品生产单位动火作业安全规范》（AQ 3022—2008）规定进行	现场检查
4.9.10	作业前后应清点作业人员和作业工器具；作业人员离开受限空间作业点时，应将作业工器具带出	（1）列入进入受限空间作业管理制度； （2）监护人员要监督做好作业人员进出受限空间签名登记工作； （3）清点进出受限空间的工器具
4.9.10	作业人员离开受限空间作业点时，应将作业工器具带出	现场检查
4.9.11	作业结束后，由受限空间所在单位和作业单位共同检查受限空间内外，确认无问题后方可封闭受限空间	（1）列入进入受限空间作业管理制度； （2）现场检查
6.4	一处受限空间，同一作业内容，办理一张《受限空间安全作业证》	（1）列入进入受限空间作业管理制度； （2）现场检查《受限空间安全作业证》
6.4	当受限空间工艺条件、作业环境条件改变时，应重新办理《受限空间安全作业证》	（1）列入进入受限空间作业管理制度； （2）现场检查《受限空间安全作业证》

第三节 《化学品生产单位高处作业安全规范》(AQ 3025—2008)相关条款及其现场落实

本标准适用于化学品生产单位的生产区域的高处作业。

条款号	条款具体内容	如何将条款内容落实到现场
5.1.1	进行高处作业前，应针对作业内容，进行危险辨识，将辨识出的危害因素写入《高处安全作业证》，制定安全措施	检查《高处安全作业证》上的危险辨识结果和制定的安全措施
5.1.4	高处作业人员及搭设高处作业安全设施的人员，应经过专业技术培训及专业考试合格，持证上岗，并应定期进行体格检查；对患有职业禁忌证（如高血压、心脏病、贫血病、癫痫病、精神疾病等）、年老体弱、疲劳过度、视力不佳及其他不适于高处作业的人员，不得进行高处作业	（1）作业前检查作业人员的《高处安全作业证》; （2）作业前检查作业人员的《体格检查证明》
5.1.5	从事高处作业的单位应办理《高处安全作业证》，落实安全防护措施后方可作业	（1）作业前检查作业人员的《高处作业资格证》; （2）作业前检查安全防护措施落实情况
5.1.6	《高处安全作业证》审批人员应赴高处作业现场检查确认安全措施后，方可批准高处作业	列入高处作业管理制度

续表

条款号	条款具体内容	如何将条款内容落实到现场
5.1.7	高处作业用的安全标志、工具、仪表、电气设施和各种设备，应在作业前加以检查，确认其完好后投入使用	（1）列入高处作业管理制度；（2）在作业前的安全讲话中明确要求
5.1.8	高处作业前要制定高处作业应急预案，内容包括：作业人员紧急状况时的逃生路线和救护方法，现场应配备的救生设施和灭火器材等；有关人员应熟知应急预案的内容	（1）检查高处作业应急预案；（2）现场抽查人员了解是否熟知应急预案的内容
5.1.9	遇有6级以上强风、浓雾等恶劣气候下的露天攀登与悬空高处作业，应执行单位的应急预案	（1）不是生产必需，不能进行这种作业；（2）现场检查
5.1.9	在临近排放有毒有害气体、粉尘的放空管线或烟囱的场所进行高处作业时，作 业点的有毒物浓度不明；应执行单位的应急预案	（1）不是生产必需，不能进行这种作业；（2）现场检查
5.1.10	高处作业前，作业单位现场负责人应对高处作业人员进行必要的安全教育，交待现场环境和作业安全要求以及作业中可能遇到意外时的处理和救护方法	（1）列入高处作业管理制度；（2）作业前现场检查
5.1.11	高处作业前，作业人员应查验《高处安全作业证》，检查验收安全措施落实后方可作业	（1）作业人员查验《高处安全作业证》；（2）施工单位及生产单位的安全人员、作业人员现场检查验收安全措施和安全设施
5.1.12	高处作业人员应按照规定穿戴符合国家标准的劳动保护用品，安全带符合 GB 6095—2009 的要求，安全帽符合 GB 2811—2007 的要求等	（1）列入高处作业管理制度；（2）作业前现场检查
5.1.13	高处作业前作业单位应制定安全措施并填入《高处安全作业证》内	作业前现场检查在《高处安全作业证》上注明的安全措施
5.1.14	高处作业使用的材料、器具、设备，应符合有关安全标准要求	作业前施工单位安全人员、作业人员现场检查高处作业使用的材料、器具、设备
5.1.15	高处作业用的脚手架的搭设应符合国家有关标准；高处作业应根据实际要求配备符合安全要求的吊笼、梯子、防护围栏、挡脚板等	作业前现场检查
5.1.15	吊板应符合安全要求，两端应捆绑牢固	使用前现场检查
5.1.15	作业前，应检查所用的安全设施是否坚固、牢靠	（1）作业前检查安全设施；（2）作业前检查脚手架，挂验收合格牌，在合格牌上签名确认
5.1.15	夜间高处作业应有充足的照明	现场检查
5.1.16	供高处作业人员上下用的梯道、电梯、吊笼等要符合有关标准要求；作业人员上下时要有可靠的安全措施	现场检查

续表

条款号	条款具体内容	如何将条款内容落实到现场
5.1.17	便携式木梯和便携式金属梯梯脚底部应坚实，不得垫高使用；踏板不得有缺档；梯子的上端应有固定措施；铰链应牢固，并应有可靠的拉撑措施	现场检查
5.2.1	高处作业应设监护人对高处作业人员进行监护，监护人应坚守岗位	现场检查监护人员
5.2.2	安全带应系挂在作业处上方的牢固构件上或专为挂安全带用的钢架或钢丝绳上，不得系挂在移动或不牢固的物件上；不得系挂在有尖锐棱角的部位；安全带不得低挂高用；系安全带后应检查扣环是否扣牢	（1）列入高处作业管理制度； （2）作业前安全讲话明确要求； （3）作业前现场检查
5.2.3	（1）作业场所有坠落可能的物件，应一律先行撤除或加以固定； （2）高处作业所使用的工具、材料、零件等应装入工具袋，上下时手中不得持物； （3）工具在使用时应系安全绳，不用时放入工具袋中； （4）不得投掷工具、材料及其他物品； （5）易滑动、易滚动的工具、材料堆放在脚手架上时，应采取防止坠落措施； （6）高处作业中所用的物料，应堆放平稳，不妨碍通行和装卸； （7）作业中的走道、通道板和登高用具，应随时清扫干净； （8）拆卸下的物件及余料和废料均应及时清理运走，不得任意乱置或向下丢弃	（1）列入高处作业管理制度； （2）现场检查
5.2.4	（1）雨天和雪天进行高处作业时，应采取可靠的防滑、防寒和防冻措施；凡水、冰、霜、雪均应及时清除。 （2）对进行高处作业的高耸建筑物，应事先设置避雷设施； （3）遇有6级以上强风、浓雾等恶劣气候，不得进行特级高处作业、露天攀登与悬空高处作业； （4）暴风雪及台风暴雨后，应对高处作业安全设施逐一加以检查，发现有松动、变形、损坏或脱落等现象，应立即修理完善	（1）暴风雪及台风暴雨后，要对脚手架进行检查； （2）现场检查防滑、防雷措施
5.2.7	高处作业应与地面保持联系，根据现场配备必要的联络工具，并指定专人负责联系。确定联络方式，并将联络方式填入《高处安全作业证》的补充措施栏内； 在危险化学品生产、储存场所或附近有放空管线的位置高处作业时，应为作业人员配备必要的防护器材（如空气呼吸器、过滤式防毒面具或口罩等）	（1）现场检查通讯工具； （2）现场检查人员配备的防护器材； （3）作业前安全讲话明确要求

续表

条款号	条款具体内容	如何将条款内容落实到现场
5.2.8	不得在不坚固的结构（如彩钢板屋顶、石棉瓦、瓦棱板等轻型材料等）上作业；登不坚固的结构（如彩钢板屋顶、石棉瓦、瓦棱板等轻型材料）作业前，应保证其承重的立柱、梁、框架的受力能满足所承载的负荷，应铺设牢固的脚手板，并加以固定，脚手板上要有防滑措施	（1）作业前安全讲话明确要求； （2）现场检查
5.2.9	作业人员不得在高处作业处休息	（1）列入高处作业管理制度； （2）现场检查
5.2.10	高处作业与其他作业交叉进行时，应按指定的路线上下；不得上下垂直作业，如果需要垂直作业时应采取可靠的隔离措施	（1）作业前现场检查上下、应急通道； （2）作业前现场检查上下垂直作业的硬隔离措施
5.2.11	在采取地（零）电位或等（同）电位作业方式进行带电高处作业时；应使用绝缘工具或穿均压服	（1）一般不进行这种作业，确实需要，应制定专门方案； （2）现场检查
5.2.12	发现高处作业的安全技术设施有缺陷和隐患时，应及时解决；危及人身安全时，应停止作业	（1）作业前安全讲话明确要求； （2）现场检查
5.2.13	因作业必需，临时拆除或变动安全防护设施时，应经作业负责人同意，并采取相应的措施，作业后应立即恢复	（1）列入高处作业管理制度； （2）作业前安全讲话明确要求； （3）现场检查
5.2.14	防护棚搭设时，应设置警戒区，并派专人监护	现场检查警戒区和监护人员
5.2.15	作业人员在作业中如果发现情况异常，应发出信号，并迅速撤离现场	（1）列入高处作业管理制度； （2）作业前安全讲话明确要求； （3）现场检查
5.3.1	高处作业完工后，作业现场清扫干净，作业用的工具、拆卸下的物件及余料和废料应清理运走	（1）列入高处作业管理制度； （2）现场检查
5.3.2	脚手架、防护棚拆除时，应设警戒区，并派专人监护；拆除脚手架、防护棚时不得上部和下部同时施工	（1）现场检查警戒区和监护人员； （2）作业前安全讲话明确拆除顺序
5.3.3	高处作业完工后，临时用电的线路应由具有特种作业操作证书的电工拆除	现场检查
5.3.4	高处作业完工后，作业人员要安全撤离现场，验收人在《高处安全作业证》上签字	现场检查在《高处安全作业证》上签字情况

第四节 《高处作业安全管理规范》（Q/SY 1236—2009）相关条款及其现场落实

本标准适用于中国石油所属企业的高处作业活动。

条款号	条款具体内容	如何将条款内容落实到现场
5.3.4	高空电缆桥架作业（安装和放线），应设置作业平台	作业前现场监督检查
5.3.5	禁止在不固定的结构物上进行作业	（1）作为作业前安全讲话内容； （2）作业前、作业中现场监督检查
5.3.5	禁止在平台、通道、孔洞边缘、安全网内休息	现场监督检查
5.3.5	孔洞应设盖板或者围栏	现场监督检查
5.3.5	禁止在梁、桁架、支撑、砌体和不固定的构件上行走或者作业	（1）作为作业前安全讲话内容； （2）现场监督检查
5.3.6	禁止踏在梯子顶端工作	现场监督检查
5.3.6	用靠梯时，脚距梯子顶端不得少于四步；用人字梯时，脚距梯子顶端不得少于两步	现场监督检查
5.4.6	全身式安全带使用前应进行检查	（1）列为入厂安全教育的内容； （2）作业前集中检查

续表

条款号	条款具体内容	如何将条款内容落实到现场
5.4.6	安全带应高挂低用，不得采用低于肩部水平的系挂方式	（1）列为入厂安全教育的内容； （2）现场监督检查
5.5.2	高处作业前，作业人员应仔细检查作业平台是否坚固、牢靠	（1）列入高处作业安全制度； （2）作为作业前安全讲话内容
5.5.3	高处作业应与架空电线保持安全距离	（1）作业前现场检查是否有架空电线； （2）划出靠近架空电线的危险区域； （3）列入作业前安全讲话内容，讲述其中风险
5.5.3	夜间高处作业应有充足照明	白天安排电工人员准备好临时照明电源
5.5.4	高处作业禁止投掷工具、材料和杂物，所用材料应放置平稳	（1）作为作业前安全讲话内容； （2）现场监督检查
5.5.4	高处作业点下方应设安全警戒区，有明显警戒标志，并设专人监护	现场监督检查
5.5.5	禁止上下垂直交叉进行高处作业，如需分层进行高处作业，中间应有隔离措施	（1）在施工方案中明确隔离措施； （2）现场监督检查
5.5.5	30m以上的高处作业，应有通讯装置与地面联系	现场监督检查
5.5.6	同一架梯子，只允许一个人在上面工作	现场监督检查
5.5.6	作业人员应沿着梯子、通道上下，禁止沿着绳索、立杆、栏杆攀爬	（1）列入高处作业安全制度； （2）现场监督检查
5.5.7	禁止在六级以上大风和雷电、暴雨、大雾的气象条件下从事高空作业	列入高处作业安全制度
5.5.7	禁止在40℃以上高温、-20℃以下寒冷的气象条件下从事高空作业；在30～40℃的气温环境下从事高空作业，要轮换作业	（1）列入高处作业安全制度； （2）现场监督检查； （3）监护人员将施工人员轮换作业落实好

第五节

《石油工业电焊焊接作业安全规程》（SY 6516—2010）相关条款及其现场落实

本标准适用于陆上石油化工建设工程。

条款号	条款具体内容	如何将条款内容落实到现场
4.1.3	每台电焊机应设有独立的电源开关，应设有独立的自动断电装置	（1）在制度中明确“一机一闸一保护”的要求，并对电工进行制度教育； （2）现场检查临时配电箱； （3）要求只能由电工人员接电焊机电源
4.1.5	焊接电源接线柱、极板和接线端应有完好的隔离防护装置	（1）采用有厂名、生产许可证、合格证的临时配电箱； （2）现场检查
4.1.6	焊接电源各接触点和连接件，在运行中不能发生松脱和撕裂	（1）电焊机运行前，电工检查； （2）电焊机运行过程中，要现场检查，不能出现高温、异味和灼烧发红现象，这很可能就是松脱和撕裂所致
4.1.7	焊接设备的安装、检修和检查，应由电工人员进行	（1）列入电焊操作规程，并对电焊人员、电工人员进行规程教育； （2）现场检查电焊人员
4.1.8	焊接电源应有良好的保护性接地或接零，设有漏电自动保护装置，接地线或接零线应是整根导线，无中间接头，有连接防松措施	（1）现场检查接地线或接零线； （2）现场检查是否有漏电自动保护装置； （3）现场检查接地线或接零线接点的防松措施； （4）现场检查漏电自动保护装置的起跳电流、动作时间符合规范、制度要求

续表

条款号	条款具体内容	如何将条款内容落实到现场
4.1.9	焊接电源的接地装置应打入地下，重复接地电阻不应大于10Ω	（1）现场检查接地装置； （2）现场检测阻值
4.1.10	弧焊变压器二次线圈一端与焊件不应同时存在接地或接零装置	电工人员现场检查二次线圈与焊件的接地或接零装置
4.2.1	焊钳和焊枪绝缘和隔热性能良好	（1）作业前电焊人员现场检查焊钳和焊枪； （2）生产单位人员现场检查
4.2.2	焊钳和焊枪与电缆连接应牢靠，接触良好，连接处导体不能裸露	（1）作业前电焊人员现场检查焊钳和焊枪； （2）生产单位人员现场检查
4.3.1	焊接电缆应采用多股铜线电缆	（1）电工人员现场检查焊接电缆，不能采用铝电缆； （2）现场检查在用电缆，如果电缆发热严重，一是电缆铜线含铜纯度低、二是电流过大、三是线路过长、四是铜线截面过小所致
4.3.2	焊接电缆的绝缘电阻不应小于1MΩ	现场检查，确保采用正式厂生产的多股铜线橡胶软电缆
4.3.4	焊机电缆宜使用整根导线，20~30m长度为适宜，确需接长，不宜超过2个接头，接头处应连接牢固，绝缘良好	（1）现场检查焊机电缆及其接头； （2）绝缘层有破损的电缆，要立即包扎或者更换； （3）电工人员不定期对回库电缆进行检查
4.3.4	电缆长度、电流值、电缆截面积要有合理的匹配关系	（1）100A时，电缆长度为20~80m，电缆截面积为25mm^2；90，20mm^2；100m，35mm^2； （2）150A时，电缆长度为20~60m，电缆截面积为25mm^2；70m，50mm^2；80m，60mm^2；90 ~100m，70mm^2； （3）200A时，电缆长度为20~40m，电缆截面积为35mm^2；50m，50mm^2；60m，60mm^2；70~100m，70mm^2
4.3.6	构成焊接回路的电缆，不应接触易燃物	现场检查
4.3.6	构成焊接回路的电缆，经过通道、道路，应采取保护措施	现场检查，经过通道、道路，电缆要穿管保护
4.3.7	不应利用厂房钢结构、管道、轨道或其他金属物件搭接作为焊接电缆线使用	现场检查电缆回路，要全部采用多股铜线电缆
4.3.8	焊接电缆不应放在电弧附近，不应放在炽热的金属旁边，避免烧坏绝缘层	（1）现场检查焊接电缆摆放位置； （2）保持施工现场要整齐，不乱摆乱放

续表

条款号	条款具体内容	如何将条款内容落实到现场
4.3.9	焊接电缆穿过开孔、棱角处，应有保护措施	（1）在开孔、棱角或电缆处加装护垫； （2）现场检查
4.4.1	手持式磨光机，使用前，应检查电源线、插头、插座、电气保护装置、绝缘是否良好	电工人员、手持式磨光机操作人员、安全人员联合现场检查
4.4.1	手持式磨光机，使用前，应检查防护罩齐全可靠	现场检查防护罩不能缺失、松动
4.4.2	磨光机启动后，应先空载运转，检查运转平稳正常，磨块无缺损、无松动	列入磨光机操作规程，并对磨光机操作人员进行规程教育
4.4.3	操作手持式磨光机，穿戴手套不能含油污	（1）列入磨光机操作规程，并对磨光机操作人员进行规程教育； （2）现场检查人员手套
4.4.7	磨光机防护罩破损禁止使用，禁止拆除防护罩打磨工具	现场检查防护罩
4.4.9	磨光机日常检查应包括： 外壳、手柄无裂缝和破损； 保护接地或接零线连接正确、可靠； 软电缆或软线完好无破损； 插头完整无损； 开关动作正常、灵活，无缺陷、无破裂； 电气保护装置良好； 机械防护装置完好； 转动部分转动灵活无障碍	（1）电工人员、手持式磨光机操作人员、安全人员联合现场检查 （2）过于残旧的磨光机淘汰停用
5.1.1	焊接人员应持证上岗	现场检查焊工特殊工种作业证
5.1.4	焊机的输出、输入线路应完好，不能出现裸露	现场检查电焊机的输出、输入线路，发现问题，立即通知电工处理
5.1.5	改变焊机接头、更换焊件（或需要改接二次回路）、转移工作地点、更换保险丝、检修焊机，应切断焊机电源后进行	列入电焊工操作规程，并对电焊人员进行规程教育
5.1.6	焊接工作地点应有充足的自然光线或者照明	现场检查，光线不足，电工人员增加临时照明
5.1.7	应检查给电焊机供电的容量，是否能满足电焊机正常工作	（1）办理用电作业许可证时，注明电焊机功率； （2）电工人员检查

续表

条款号	条款具体内容	如何将条款内容落实到现场
5.1.7	接入电焊机的电源的安全保护装置是否能正常工作	（1）电工人员不定时检查； （2）电工人员每天作业前，或者新安装线路时，试验自动保护按钮
5.1.8	在露天作业，遇风、雨、雪和雾等不正常天气，无保护措施，禁止焊接作业	现场检查
5.1.9	带压、带电、密封的承压设备，禁止焊接	（1）焊接作业，必须要开具用火作业许可证； （2）车间安全人员严格把关，现场确认
5.3.1	在潮湿场所，或在容器、管道内焊接，人体可能接触的部位应加绝缘垫	现场检查焊接人员
5.3.1	使用手提移动工作照明灯的电压应不大于36V；在潮湿场所，或在容器、管道内使用的工作照明灯的电压应不大于12V	（1）作业前，施工作业人员、车间安全人员现场检查工作照明灯； （2）工作照明灯的铭牌要清楚
6.1.1	焊接时应穿戴和使用合格的保护用品、护具	作业前、作业过程中，要现场检查焊接人员的保护用品、护具
6.2.1	焊接时应采取措施避免或减少作业人员直接呼吸到焊接操作所产生的烟气流	（1）作业前、作业过程中，要现场检查焊接作业用的抽风、供风装置； （2）作业过程中，要现场检查焊接人员佩戴口罩情况
6.2.4	在特殊环境下焊接所产生的粉尘和有害烟气，应采取局部通风排烟措施	作业前、作业过程中，要现场检查焊接作业用的抽风机、供风措施
6.5.1	电弧焊，焊工用手提式、头戴式两种面罩，电流用75~200A时，护目遮光镜片选用8~10号	现场检查焊接人员的面罩
6.5.1	辅助焊工用面罩或防护眼镜	现场检查辅助焊接人员的个人防护情况
6.5.3	焊工在导电的场所作业，应用绝缘性能合格的手套	现场检查焊接人员按照规定佩戴手套、穿绝缘靴情况
6.5.4	焊工的防护鞋，应绝缘、防滑	现场检查焊接人员的防护鞋绝缘、防滑情况

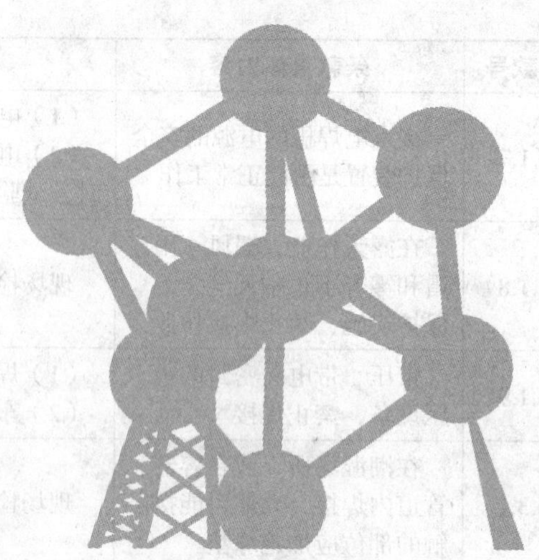

第六节

《临时用电安全管理规范》（Q/SY 1244—2009）相关条款及其现场落实

本标准适用于中国石油所属企业在施工、生产、检维修等作业过程中，临时性使用380V或以下的低压电力系统的作业。

条款号	条款具体内容	如何将条款内容落实到现场
5.1.2	安装、维修、拆除临时用电线路作业，应由电气专业人员进行	（1）列为入厂安全教育的内容； （2）现场监督检查
5.1.3	在开关上接引、拆除临时用电线路时，其上级开关应断电上锁	列入临时用电作业规程，并对电工人员进行规程教育
5.1.4	潮湿区域、户外的临时用电设备，以及临时建筑内的电源插座，应安装漏电保护器，每次使用前利用试验按钮测试	（1）现场检查漏电保护器； （2）每天作业前、新接入临时用电设备和新安装漏电保护器，都要由电工人员做漏电自动保护的按钮测试
5.1.5	各类移动电源、外部自备电源，不得接入电网	（1）在作业方案上明确； （2）现场检查移动电源、自备电源
5.1.5	动力和照明线路应分路设置	现场检查动力线路和照明线路
5.1.6	临时用电单位不得擅自增加用电负荷	将临时用电作业许可证与现场用电设备相对照核查
5.2	临时用电设备在5台以上，或者设备总容量在50kW以上，应专门进行临时用电施工组织设计	检查临时用电施工组织设计方案

续表

条款号	条款具体内容	如何将条款内容落实到现场
5.3.1	使用周期为一个月以上的临时用电线路，应采用架空方式安装	（1）认真审查施工方案，在方案中明确架空安装临时用电线路； （2）现场检查临时用电线路
5.3.1	架空线路应安装在专用电杆或支架上，严禁架设在树木、脚手架及临时设施上	现场检查临时用电线路
5.3.1	架空线路上不得进行接头连接，若必须连接，应进行结构支撑	现场检查临时用电线路
5.3.1	临时架空线最大弧垂与地面距离，施工现场不低于2.5m，穿越机动车道，不低于5m	（1）现场检查临时用电线路； （2）临时架空线运行一段时间，如果弧垂增大，要调高高度
5.3.2	使用周期为一个月以下的临时用电线路，可采用架空或地面走线方式	现场检查临时用电线路
5.3.2	地面走线应设走向标识和安全标识	现场检查走向标识和安全标识
5.3.2	地面走线横跨道路，应加设防护套管，套管应固定	现场检查防护套管。不能用角钢保护，受车辆压，角钢边缘可能会压破线路绝缘层
5.3.2	地面走线要避免设在可能施工的区域内	现场检查
5.3.2	地面走线埋地深度不应小于0.7m	（1）在施工作业方案上明确； （2）现场监督检查
5.3.3	临时用电线路经过积水部位，不得有接头	（1）现场监督检查； （2）电工人员巡回检查
5.4.1	临时用电线路必须采用耐压等级不低于500V的绝缘导线	检查绝缘导线的铭牌标识
5.4.2	临时用电应设置保护开关，使用前应检查电气装置及保护设施	（1）列入临时用电制度； （2）电工人员现场检查
5.4.2	临时用电应设置接地保护，接地线和接零线分开设置	（1）列入临时用电制度，明确采用“三相五线制”； （2）电工人员现场检查
5.4.4	配电箱应保持整洁，接地良好	现场监督检查
5.4.5	配电箱应标上电压标识和危险标识	（1）采用正式厂家生产的配电箱，不采用自制配电箱； （2）现场监督检查
5.4.5	配电盘、配电箱应设有安全锁具	现场监督检查
5.4.5	配电盘、配电箱应设有防雨、防潮措施	现场监督检查

续表

条款号	条款具体内容	如何将条款内容落实到现场
5.4.5	在配电箱、开关及电焊机等电气设备的15m范围内，不应有易燃、易爆、腐蚀性等危险物品	（1）用火监护人现场监督检查； （2）安全人员作业前现场监督检查
5.4.7	新设临时用电线路，应由电气专业人员检查合格，贴上标签，才能使用	（1）列入临时用电制度； （2）安全人员现场检查用电线路合格标签
5.4.7	临时用电线路搬迁或移动，应由电气专业人员检查合格，贴上标签，才能使用	（1）列入临时用电规程； （2）安全人员现场检查用电线路合格标签
5.4.9	临时电源暂停使用，应在切入点处切断电源	（1）列入临时用电规程； （2）现场监督检查
5.4.9	临时用电线路搬迁或移动，应先切断电源	（1）列入临时用电规程； （2）现场监督检查
5.5.1	移动工具、手持工具等用电设备应有各自的电源开关，严禁两台、两台以上设备使用同一个开关	检查移动工具、手持工具等用电设备，接电源符合“一机一闸一保护要求”
5.5.2	电气设备或电动工具，带电零件与壳体之间，基本绝缘电阻不得小于2MΩ，加强绝缘电阻不得小于7MΩ	（1）现场检查电气设备或电动工具，要求带“回”字标志； （2）绝缘结构部位不能开裂、残破
5.5.3	潜水泵及其接头应绝缘良好	现场监督检查
5.5.3	潜水泵引出电缆到开关之间不得有接头	（1）施工机具进场前检查； （2）现场监督检查
5.5.3	潜水泵应设置非金属材质的提拉绳	（1）施工机具进场前检查； （2）现场监督检查
5.5.4	手持电动工具外观完好、标牌清晰、护罩齐全	（1）施工机具进场前检查； （2）现场监督检查
5.5.4	在一般作业场所、潮湿作业场所、金属构架上，应使用Ⅱ类或者Ⅲ类工具	（1）施工机具进场前检查，Ⅰ类用电工具不得进入现场； （2）现场监督检查
5.5.4	在窄小场所，如锅炉、管道内，应使用Ⅲ类工具，或者使用Ⅱ类工具同时装设额定漏电动作电流不大于15mA、动作时间不大于0.1s的漏电保护器	作业前现场检查在涵洞、锅炉、管道、容器、储罐内，所使用的用电工具
5.5.4	Ⅲ类工具的安全隔离变压器、Ⅱ类工具的漏电保护器，以及Ⅱ类工具、Ⅲ类工具的控制箱和电源联结器，应放在容器外，并设人监护	现场监督检查
5.5.5	照明灯应符合防爆、防水要求	现场监督检查照明灯的防爆、防水等级标识

续表

条款号	条款具体内容	如何将条款内容落实到现场
5.5.5	悬挂照明导线，应用不导电材料	现场监督检查
5.5.5	行灯电源电压不得超过36V，灯泡外部有金属保护罩	现场监督检查
5.5.5	在潮湿和易触及带电体场所，照明电源电压不得超过24V	现场监督检查
5.5.5	在特别潮湿场所、导电良好地面、锅炉或者金属容器内，照明电源电压不得超过12V	现场监督检查
5.6.1	开关应贴有标签，注明供电回路及临时用电设备	现场监督检查，发现标签模糊不清，由电工人员补贴
5.6.1	临时插座应贴有标签，注明供电回路和额定电压、电流	现场监督检查，发现标签模糊不清，由电工人员补贴
5.6.2	开关箱、配电箱、配电盘，应有安全标识	现场监督检查，发现标识模糊不清、褪色，由电工人员补贴
5.6.2	在安装区域，在开关箱、配电箱、配电盘前方1m远处的地面上，用黄色油漆或者黄色警戒线做警示	现场监督检查
5.7.4	临时用电单位和生产单位负责人要签字关闭《临时用电许可证》	（1）列入临时用电制度； （2）用电结束，现场监督检查《临时用电许可证》

第七节 《化学品生产单位吊装作业安全规范》（AQ 3021—2008）相关条款及其现场落实

本标准适用于化学品生产单位的检维修吊装作业。

条款号	条款具体内容	如何将条款内容落实到现场
5.1	应按照国家标准规定对吊装机具进行日检、月检、年检；对检查中发现问题的吊装机具，应进行检修处理，并保存检修档案	（1）检查吊装机具的日检、月检、年检记录； （2）检查检修档案
5.2	吊装作业人员（指挥人员、起重工）应持有有效的《特种作业人员操作证》，方可从事吊装作业指挥和操作	（1）列入吊装作业规程； （2）作业前检查吊装作业人员的《特种作业人员操作证》
5.3	吊装质量≥ 40t 的重物和土建工程主体结构，应编制吊装作业方案；吊装物体虽不足 40t，但形状复杂、刚度小、长径比大、精密贵重，以及在作业条件特殊的情况下，也应编制吊装作业方案、施工安全措施和应急救援预案	（1）列入吊装作业规程； （2）作业前检查吊装作业方案、施工安全措施和应急救援预案
5.4	利用两台或多台起重机械吊运同一重物时，升降、运行应保持同步；各台起重机械所承受的载荷不得超过各自额定起重能力的 80%	（1）列入吊装作业规程； （2）作业前编制吊装作业方案； （3）现场检查

续表

条款号	条款具体内容	如何将条款内容落实到现场
6.3	吊装前，吊装作业单位的有关人员应对起重吊装机械和吊具进行安全检查确认，确保处于完 好状态	（1）列入吊装作业规程； （2）现场检查制度落实情况
6.4	吊装前，吊装作业单位使用汽车吊装机械，要确认安装有汽车防火罩	现场检查
6.5	吊装前，吊装作业单位的有关人员应对吊装区域内的安全状况进行检查（包括吊装区域的划 定、标识、障碍）；警戒区域及吊装现场应设置安全警戒标志，并设专人监护，非作业人员 禁止入内	（1）列入吊装作业规程； （2）现场检查制度落实情况
6.6	实施吊装作业单位的有关人员应在施工现场核实天气情况；室外作业遇到大雪、暴雨、大雾及6级以上大风时，不应安排吊装作业	（1）列入吊装作业规程； （2）现场检查制度落实情况
7.1	吊装作业时，应明确指挥人员，指挥人员应佩戴明显的标志；应佩戴安全帽	现场检查指挥人员
7.2	指挥人员按信号进行指挥，其他人员应清楚吊装方案和指挥信号	现场检查
7.3	正式起吊前应进行试吊，试吊中检查全部机具、地锚受力情况，发现问题应将工件放回地面，排除故障后重新试吊，确认一切正常，方可正式吊装	（1）吊装作业前安全讲话明确要求； （2）现场检查
7.4	严禁利用管道、管架、电杆、机电设备等作吊装锚点；未经有关部门审查核算，不得将建筑物、构筑物作为锚点	（1）需要编制吊装作业的，在方案中明确； （2）吊装作业前安全讲话明确要求； （3）现场检查
7.5	吊装作业中，夜间应有足够的照明；室外作业遇到大雪、暴雨、大雾及6级以上大风时，应停止作业	（1）列入吊装作业规程； （2）现场检查
7.6	吊装过程中，出现故障，应立即向指挥者报告，没有指挥令，任何人不得擅自离开岗位	（1）列入吊装作业规程； （2）吊装作业前安全讲话明确要求； （3）现场检查
7.7	起吊重物就位前，不许解开吊装索具	（1）列入吊装作业规程； （2）现场检查
8.1	按指挥人员所发出的指挥信号进行操作；对紧急停车信号，不论由何人发出，均应立即执行	（1）列入吊装作业规程； （2）吊装作业前安全讲话明确要求； （3）现场检查

续表

条款号	条款具体内容	如何将条款内容落实到现场
8.2	司索人员应听从指挥人员的指挥，并及时报告险情	（1）列入吊装作业规程； （2）吊装作业前安全讲话明确要求
8.3	当起重臂吊钩或吊物下面有人，吊物上有人或浮置物时，不得进行起重操作	（1）列入吊装作业规程； （2）吊装作业前安全讲话明确要求； （3）现场检查
8.4	严禁起吊超负荷或重物质量不明和埋置物体；不得捆挂、起吊不明质量，与其他重物相连、埋在地下或与其他物体冻结在一起的重物	（1）列入吊装作业规程； （2）现场检查
8.5	在制动器、安全装置失灵、吊钩防松装置损坏、钢丝绳损伤达到报废标准等情况下严禁起吊操作	起吊前司机、起重人员检查
8.6	吊装，吊具、索具经计算选择使用，严禁超负荷运行；所吊重物接近或达到额定起重吊装能力时，应检查制动器，用低高度、短行程试吊后，再平稳吊起	根据吊装半径、吊臂伸出长度、吊机配重、支腿伸出、后吊装与侧吊装、吊机起重性能表中参数的情况，现场认真分析吊机的实际负荷率，确认能否安全吊装
8.7	重物捆绑、紧固、吊挂不牢，吊挂不平衡而可能滑动，或斜拉重物，以及棱角吊物与钢丝绳之间没有衬垫，不得进行起吊	起吊前起重人员检查
8.8	不准用吊钩直接缠绕重物，不得将不同种类或不同规格的索具混在一起使用	起吊前起重人员检查
8.9	吊物捆绑应牢靠，吊点和吊物的中心应在同一垂直线上	起吊前起重人员检查
8.10	无法看清场地、无法看清吊物情况和指挥信号时，不得进行起吊	（1）列入吊装作业规程； （2）现场检查
8.11	起重机械及其臂架、吊具、辅具、钢丝绳、缆风绳和吊物不得靠近高低压输电线路。在输电线路近旁作业时，应按规定保持足够的安全距离，不能满足时，应停电后再进行起重作业	（1）列入吊装作业规程； （2）作业前先检查安全距离； （3）吊装作业前安全讲话特别强调安全距离； （4）需要编制吊装作业方案的，在方案中明确安全距离要求
8.12	停工和休息时，不得将吊物、吊笼、吊具和吊索吊在空中	（1）列入吊装作业规程； （2）现场检查
8.13	在起重机械工作时，不得对起重机械进行检查和维修；在有载荷的情况下，不得调整起升变幅机构的制动器	（1）列入吊装作业规程； （2）现场检查
8.14	下方吊物时，严禁自由下落（溜）；不得利用极限位置限制器停车	（1）列入吊装作业规程； （2）现场检查

续表

条款号	条款具体内容	如何将条款内容落实到现场
8.15	遇大雪、暴雨、大雾及6级以上大风时，应停止露天作业	（1）列入吊装作业规程； （2）现场检查
8.16	用定型起重吊装机械（例如履带吊车、轮胎吊车、桥式吊车等）进行吊装作业时，除遵守 本标准外，还应遵守该定型起重机械的操作规范	（1）定型起重吊装机械随车附带的操作规范放置在现场； （2）现场检查
9.1	吊装作业完成后，将起重臂和吊钩收放到规定的位置，所有控制手柄均应放到零位，使用电气控制的起重 机械，应断开电源开关	（1）列入吊装作业规程； （2）现场检查
9.2	对在轨道上作业的起重机，应将起重机停放在指定位置有效锚定	（1）列入吊装作业规程； （2）现场检查
9.3	吊索、吊具应收回放置到规定的地方，并对其进行检查、维护、保养	（1）列入吊装作业规程； （2）现场检查
9.4	对接替工作人员，应告知设备存在的异常情况及尚未消除的故障	（1）列入吊装作业规程； （2）现场检查
10.1	吊装质量大于10t 的重物应办理《吊装作业证》	（1）列入吊装作业规程； （2）现场检查《吊装作业证》

第八节 《移动式起重机吊装作业安全管理规范》（Q/SY 1248—2009）相关条款及其现场落实

本标准适用于中国石油所属企业移动式起重机的安全检查、维护和吊装作业活动。

条款号	条款具体内容	如何将条款内容落实到现场
5.1.1	吊装前需办理《吊装作业许可证》	（1）将吊装前需办理《吊装作业许可证》，写入制度； （2）入厂安全教育； （3）吊装时吊装作业许可证放置现场； （4）现场安全检查吊装作业许可证
5.1.3	禁止起吊超载、质量不清及埋置的物件	（1）吊前查对吊车参数资料，并且现场实测，主要包括吊装半径、吊杆长度，以及实际工况下的额定载荷、载荷率，并现场核准质量，特别注意已组对或加焊上附件的情况； （2）起重司索人员吊前现场检查； （3）起重司机先试吊后正式吊； （4）吊机装设力矩限制器，实现超载报警和自动停止保护； （5）以上内容写入作业指导书或者作业规程

续表

条款号	条款具体内容	如何将条款内容落实到现场
5.1.3	风力达到六级，遇大雪、大雨、大雾等恶劣天气，要停止吊装，放下货物，收回吊臂	（1）写入吊装作业许可证； （2）恶劣天气出现前现场检查； （3）晚上停止作业，收回吊臂
5.1.4	严禁起重机带载荷行走	（1）现场检查； （2）列入考核条款
5.1.4	任何人发出紧急停车信号，都应立即停车	（1）吊车司机安全教育； （2）作业前安全讲话
5.1.5	在可能产生易燃易爆、有毒有害气体的环境工作，应进行气体检测	（1）进吊机前做作业环境检测，出具检测单； （2）先取得检测单，后办理吊装作业许可证； （3）现场检查检测单； （4）吊装过程中出现泄漏，或者装置其他不安全工况，停止吊装，吊机熄火
5.1.6	吊臂回转范围内应采用警戒线隔离，无关人员不得进入警戒线内	（1）吊装作业前设置好警戒线； （2）吊装过程中维护好警戒线的完整性； （3）吊装现场设置监护人，不得无关人员进入警戒线内
5.2.2	起重机司机每天检查控制装置、钢丝绳、上限位装置和过载装置，安全装置损坏，立即停止使用	（1）将这些内容写入单位操作规程或制度； （2）施工单位内部检查
5.2.2	起重机司机每天作业前填写《检查表》	（1）起重机司机每天作业前对照《检查表》检查吊车和吊装作业现场，填写《检查表》； （2）《检查表》放在现场，施工单位自查
5.2.3	起重机每年至少由企业专业维修人员或企业指定维修机构做一次定期检查	（1）保存检查记录，以备检查； （2）检查出问题，要跟踪整改，保存整改记录，施工单位机动、安全部门检查
5.2.3	起重机应接受政府部门的定期检验	（1）检查施工单位的定期检验凭证； （2）过期未检验的起重机不能投用
5.2.3	从启用到报废，要全程保存定期检查记录	归档保存定期检查记录
5.3.1	使用者或单位不得修改、添加起重机安全设施	（1）列入安全操作规程，并开展人员教育； （2）现场检查起重机
5.3.7	拥有单位应建立起重机设备技术档案	一台起重机设立一个设备技术档案资料盒
5.3.7	起重机的明显位置应有金属铭牌	现场检查起重机
5.4.2	随机备有安全警示牌、使用手册和载荷能力铭牌	（1）定置存放安全警示牌、使用手册和载荷能力铭牌； （2）现场检查确认
5.4.2	操作室和控制室应配置灭火器	（1）现场检查确认； （2）检查灭火器要不过期限，压力正常，喷管、铅封、插销齐全完好

续表

条款号	条款具体内容	如何将条款内容落实到现场
5.4.2	排气管道应设置防护装置或隔热层	现场检查确认，要齐全、不破损，安装好
5.4.2	驾驶室窗户玻璃应为安全玻璃	（1）检查随车使用说明书； （2）现场检查玻璃
5.4.2	油箱密封良好	列入《检查表》，每天作业前检查油箱
5.4.2	起重机的平台和走道应采用防滑表面	（1）现场检查确认起重机的平台和走道； （2）列入《检查表》，每天作业前检查平台和走道不能有润滑油
5.4.2	起重机上人员可接触的运动件、旋转件，应安装有保护罩及面板	列入《检查表》，每天作业前检查人员可接触的运动件、旋转件
5.4.2	主臂、副臂应设置机械式安全停止装置	检查随车使用说明书
5.4.2	行驶中吊钩应收回并固定牢固	（1）列入安全操作规程，并开展人员教育； （2）现场检查行驶中的起重机
5.4.3	起重机进入作业区域前，要先检查地面、地下以及周边作业环境情况	（1）吊装作业单位、生产单位人员现场对接、交底和检查； （2）先开具吊装作业许可证，后吊装作业
5.4.3	在吊装作业前，要检查人员《吊装作业资格证》	现场检查起重机司机、指挥人员、司索人员是否有《吊装作业资格证》
5.4.3	在吊装作业前，要检查安全措施落实情况	开具《吊装作业许可证》前、后，起重机司机、指挥人员、司索人员、生产单位安全人员要联合做现场风险识别与评估，检查确认现场安全条件
5.4.3	较复杂的吊装作业，要编制吊装作业计划	以下5种情况： （1）货物载荷达到额定载荷的75%； （2）需要2台或以上的起重机联合起吊； （3）吊臂和货物，与管线、设备或输电线路的距离小于安全距离； （4）吊物越过障碍物起吊，操作司机无法目视吊装点，仅靠指挥信号操作； （5）起吊偏离制造厂家要求 （都要编制吊装作业方案，将其写入制度）
5.4.3	起重机与电力线路的安全距离要符合相关标准	（1）要求供电单位提供电力线路的电压值； （2）现场检查，确保起重机吊臂、被吊物件与电力线路的安全距离符合规范要求； （3）供电单位人员现场监护

续表

条款号	条款具体内容	如何将条款内容落实到现场
5.4.3	指挥人员应佩戴标识，并与司机保持有效联络沟通，联络中断，司机要停止操作	（1）指挥人员采用色旗、哨子进行指挥作业； （2）要据现场条件，配备2名指挥人员
5.4.3	可以利用牵引绳来控制被吊物件摆动，但是牵引绳不能缠在人员身上	（1）列入单位吊装规程，并进行规程教育； （2）现场检查
5.4.3	任何人不得在被吊物件下工作、站立、行走	（1）列入单位吊装规程，并进行规程教育； （2）现场检查
5.4.3	任何人不得随同被吊物件升降，不得随同起重机械升降	（1）列入单位吊装规程，并进行规程教育； （2）现场检查
5.4.3	货物处于悬吊状态、操作手柄未复位、手刹未处于制动状态、起重机未熄火关闭、门锁未锁好，司机不得离开操作室	（1）列入单位吊装规程，并进行规程教育； （2）现场检查
5.5.2	起重机司机应每年进行一次体检	保存体检表，以便随时能出示体检表接受监督检查
5.6.2	吊装作业许可证的有效期一般不超过一个班次	现场检查所开具的吊装作业许可证

第九节 《化学品生产单位动土作业安全规范》（AQ 3023—2008）相关条款及其现场落实

本标准适用于化学品生产单位的动土作业。

条款号	条款具体内容	如何将条款内容落实到现场
4.1	动土作业应办理《动土安全作业证》	（1）列入动土作业管理制度； （2）现场检查《动土安全作业证》
4.2	《动土安全作业证》经单位有关水、电、汽、工艺、设备、消防、安全、工程等部门会签，由单位动土作业主管部门审批	（1）列入动土作业管理制度； （2）现场检查《动土安全作业证》的会签和审批栏目
4.3	作业前，项目负责人应对作业人员进行安全教育；作业人员应按规定着装并佩戴合适的个体防护用品；施工单位应进行施工现场危害辨识，并逐条落实安全措施	（1）作业前现场安全讲话； （2）作业前现场检查着装和个体防护用品； （3）作业前检查现场风险识别和安全条件确认情况
4.4	作业前，应检查工具、现场支撑是否牢固、完好，发现问题应及时处理。	作业前检查现场
4.5	动土作业施工现场应根据需要设置护栏、盖板和警告标志，夜间应悬挂红灯示警	（1）作业前检查现场； （2）夜间设置红灯示警

续表

条款号	条款具体内容	如何将条款内容落实到现场
4.6	严禁涂改、转借《动土安全作业证》，不得擅自变更动土作业内容、扩大作业范围或转移作业地点	现场检查《动土安全作业证》，实际动土作业内容、范围、地点要与作业证相符
4.7	动土临近地下隐蔽设施时，应使用适当工具挖掘，避免损坏地下隐蔽设施	（1）在作业方案中明确挖掘方式和要求； （2）检查现场，动土临近地下隐蔽设施，不能采取机械挖掘，要人工挖掘
4.8	动土中如暴露出电缆、管线以及不能辨认的物品时，应立即停止作业，妥善加以保护，报告动土审批单位处理，经采取措施后方可继续动土作业	（1）作业前安全讲话明确要求； （2）检查现场
4.9.1	挖掘土方应自上而下进行，不准采用挖底脚的办法挖掘，挖出的土石严禁堵塞下水道和窨井	（1）作业前安全讲话明确要求； （2）检查现场
4.9.2	在挖较深的坑、槽、井、沟时，严禁在土壁上挖洞攀登，当使用便携式木梯或便携式金属梯时，应符合GB 7059—2007和GB 12142—2007要求；作业时应戴安全帽，安全帽应符合GB 2811—2007的要求；坑、槽、井、沟上端边沿不准人员站立、行走	（1）作业前安全讲话明确要求； （2）检查现场
4.9.3	要视土壤性质、湿度和挖掘深度设置安全边坡或固壁支撑；挖出的泥土堆放处所和堆放的材料至少应距坑、槽、井、沟边沿0.8m，高度不得超过1.5m；对坑、槽、井、沟边坡或固壁支撑架应随时检查，特别是雨雪后和解冻时期，如发现边坡有裂缝、松疏或支撑有折断、走位等异常危险征兆，应立即停止工作，并采取可靠的安全措施	（1）作业前安全讲话明确要求； （2）检查现场
4.9.4	在坑、槽、井、沟的边缘安放机械、铺设轨道及通行车辆时，应保持适当距离，采取有效的固壁措施，确保安全	检查现场
4.9.5	在拆除固壁支撑时，应从下而上进行；更换支撑时，应先装新的，后拆旧的	（1）列入动土作业管理制度； （2）检查现场

续表

条款号	条款具体内容	如何将条款内容落实到现场
4.9.6	作业现场应保持通风良好，并对可能存在有毒有害物质的区域进行监测；发现有毒有害气体时，应立即停止作业，待采取了可靠的安全措施后方可作业	检查现场通风、有毒有害物质监测情况
4.9.7	所有人员不准在坑、槽、井、沟内休息	（1）作业前安全讲话明确要求； （2）检查现场
4.10	作业人员多人同时挖土应相距在2m以上，防止工具伤人；作业人员发现异常时，应立即撤离作业现场	（1）作业前安全讲话明确要求； （2）检查现场
4.11	在危险场所动土时，应有专业人员现场监护，当所在生产区域发生突然排放有害物质时，现场监护人员应立即通知动土作业人员停止作业，迅速撤离现场，并采取必要的应急措施	（1）列入动土作业管理制度； （2）检查现场监护人
4.12	高处作业涉及临时用电时，应符合GB/T 13869—2008和JCJ 46—2005的有关要求	检查现场临时用电
4.13	施工结束后应及时回填土，并恢复地面设施	（1）列入动土作业管理制度； （2）施工结束后现场检查

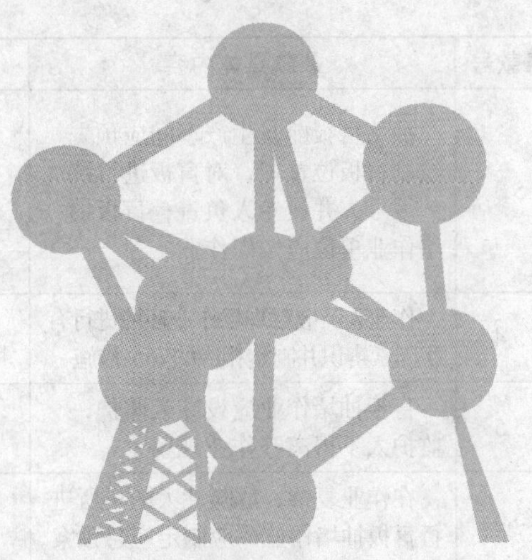

第十节 《化学品生产单位盲板抽堵作业安全规范》（AQ 3027—2008）相关条款及其现场落实

本标准适用于化学品生产单位设备管道的盲板抽堵作业。

条款号	条款具体内容	如何将条款内容落实到现场
4.1	盲板应按管道内介质的性质、压力、温度选用适合的材料。高压盲板应按设计规范设计、制造并经超声波探伤合格	（1）在工艺作业方案中明确盲板材质； （2）高压盲板，要委托设计； （3）高压盲板，要检查超声波探伤报告
4.2	盲板的直径应依据管道法兰密封面直径制作，厚度应经强度计算	在作业方案中列出盲板强度计算的过程和结果
4.3	一般盲板应有一个或两个手柄，便于辨识、抽堵，8字盲板可不设手柄	现场检查盲板手柄
4.4	应按管道内介质性质、压力、温度，选用合适的材料做盲板垫片	安装前现场检查盲板垫片
5.1	盲板抽堵作业实施作业证管理，作业前应办理《盲板抽堵安全作业证》	现场检查《盲板抽堵安全作业证》
5.2	盲板抽堵作业人员应经过安全教育和专门的安全培训，并经考核合格	作业前检查安全教育、安全培训和考核记录

续表

条款号	条款具体内容	如何将条款内容落实到现场
5.3	抽堵盲板前，生产车间应预先绘制盲板位置图，对盲板进行统一编号，并设专人负责；盲板抽堵作业单位应按图作业	（1）在作业方案中列出盲板图、表； （2）在盲板图、表中列出盲板编号； （3）对照盲板图，抽堵盲板，挂盲板编号牌； （4）作业方案中明确盲板负责人
5.4	作业人员应对现场作业环境进行有害因素辨识并制定相应的安全措施	检查作业方案中所附的危害识别表，要求有分析人员和审核人员
5.5	盲板抽堵作业应设专人监护，监护人不得离开作业现场	现场检查监护人
5.6	在作业复杂、危险性大的场所进行盲板抽堵作业，应制定应急预案	（1）作业前要组织作业人员学习应急预案； （2）现场检查应急预案
5.7	在有毒介质的管道、设备上进行盲板抽堵作业时，系统压力应降到尽可能低的程度，作业人员应穿戴适合的防护用具	（1）在作业方案中明确要求； （2）现场检查降压措施落实情况
5.8	在易燃易爆场所进行盲板抽堵作业时，作业人员应穿防静电工作服、工作鞋；距作业地点30m内不得有动火作业；工作照明应使用防爆灯具；作业时应使用防爆工具，禁止用铁器敲打管线、法兰等	（1）现场检查作业人员的防静电工作服、工作鞋； （2）作业前生产车间、施工单位检查确认现场安全条件
5.9	在强腐蚀性介质的管道、设备上进行抽堵盲板作业时，作业人员应采取防止酸碱灼伤的措施	（1）现场检查作业人员的防止酸碱灼伤的措施，如酸碱防护服、眼镜、面罩、手套 （2）抽堵盲板前确认系统不带压，已倒空
5.10	在介质温度较高、可能对作业人员造成烫伤的情况下，作业人员应采取防烫措施	（1）现场检查作业人员的防烫措施，如高温防护服、眼镜、面罩、手套； （2）抽堵盲板前确认系统不带压，已倒空
5.12	不得在同一管道上同时进行两处及以上的盲板抽堵作业	（1）在作业方案中明确； （2）现场检查
5.13	抽堵盲板时，应按盲板位置图及盲板编号，由生产车间设专人统一指挥作业，逐一确认并做好记录	（1）安装、拆除盲板，都要多部门、多人现场重复确认签字； （2）检查安装、拆除盲板签字确认表
5.14	每个盲板应设标牌进行标识，标牌编号应与盲板位置图上的盲板编号一致	现场核对盲板编号牌
5.15	作业结束，由盲板抽堵作业单位、生产车间专人共同确认	作业结束，检查盲板拆除签字确认表

第十一节 《化学品生产单位断路作业安全规范》（AQ 3024—2008）相关条款及其现场落实

本标准适用于化学品生产单位的断路作业。

条款号	条款具体内容	如何将条款内容落实到现场
4.1	进行断路作业应制定周密的安全措施，并办理《断路安全作业证》方可作业	现场检查《断路安全作业证》
6.1.2	断路作业申请单位应制定交通组织方案，设置相应的标志与设施，以确保作业期间的 交通安全	现场检查交通组织方案及相应的标志与安全设施
6.1.3	断路作业应按《断路安全作业证》的内容进行	现场检查实际断路作业内容与《断路安全作业证》上注明所允许的作业内容相符
6.1.4	用于道路作业的工件、材料应放置在作业区内或其他不影响正常交通的场所	现场检查工件、材料所放置位置
6.1.5	严禁涂改、转借《断路安全作业证》	现场检查
6.1.6	变更作业内容，扩大作业范围，应重新办理《断路安全作业证》	出现变更作业内容，扩大作业范围的情况，现场检查《断路安全作业证》

续表

条款号	条款具体内容	如何将条款内容落实到现场
6.2.1	断路作业单位应根据需要在作业区相关道路上设置作业标志、限速标志、距离辅助标志等交通警示标志，以确保作业期间的交通安全	现场检查交通警示标志
6.2.2	断路作业单位应在作业区附近设置路栏、锥形交通路标、道路作业警示灯、导向标等交通警示设施	现场检查交通警示设施
6.2.3	在道路上进行定点作业，白天不超过 2h，夜间不超过1h 即可完工的，在有现场交通指 挥人员指挥交通的情况下，只要作业区设置了完善的安全设施，即白天设置了锥形交通路标或路栏，夜间设置了锥形交通路标或路栏及道路作业警示灯，可不设标志牌	现场检查
6.2.4	夜间作业应设置道路作业警示灯，道路作业警示灯设置在作业区周围的锥形交通路标处，应能反映作业区的轮廓	现场检查警示灯位置
6.2.5	道路作业警示灯应为红色	现场检查警示灯
6.2.6	警示灯应防爆并采用安全电压	现场检查警示灯
6.2.7	道路作业警示灯设置高度应符合GA 182—1998的规定，离地面1.5cm，不低于1.0m	现场检查警示灯
6.2.8	道路作业警示灯遇雨、雪、雾天时应开启，在其他气候条件下应自傍晚前开启，并能 发出至少自150m以外清晰可见的连续、闪烁或旋转的红光	现场检查警示灯发出光
6.3.1	断路申请单位应根据作业内容会同作业单位编制相应的事故应急措施，并配备有关器材	在作业方案中列出事故应急措施
6.3.2	动土挖开的路面宜做好临时应急措施，保证消防车的通行	现场检查动土挖开的路面的临时应急措施
6.4	断路作业结束，应迅速清理现场，尽快恢复正常交通	断路作业结束时现场检查

第十二节

《化学品生产单位设备检修作业安全规范》（AQ 3026—2008）相关条款及其现场落实

本标准适用于化学品生产单位的设备大、中、小修与抢修作业。

条款号	条款具体内容	如何将条款内容落实到现场
4.1	外来检修施工单位应具有国家规定的相应资质，并在其等级许可范围内开展检修施工业务	检查施工单位的资质证书及其等级许可范围
4.2	在签订设备检修合同时，应同时签订安全管理协议	检查设备检修合同
4.3	根据设备检修项目的要求，检修施工单位应制定设备检修方案，检修方案应经设备使用单位审核；检修方案中应有安全技术措施，并明确检修项目安全负责人。检修施工单位应指定专人负责整个检修作业过程的具体安全工作	（1）列入设备检修作业管理制度； （2）制定设备检修方案
4.4	检修前，设备使用单位应对参加检修作业的人员进行安全教育，安全教育主要包括以下内容： 有关检修作业的安全规章制度； 检修作业现场和检修过程中存在的危险因素和可能出现的问题及相应对策； 检修作业过程中所使用的个体防护器具的使用方法及使用注意事项； 相关事故案例和经验、教训	（1）列入设备检修作业管理制度； （2）检查安全教育记录、教育内容和成绩

续表

条款号	条款具体内容	如何将条款内容落实到现场
4.5	检修现场应根据GB 2894—2008的规定设立相应的安全标志	检查检修现场的安全标志
4.6	检修项目负责人应组织检修作业人员到现场进行检修方案交底	（1）列入设备检修作业管理制度； （2）现场检查
4.7	检修前施工单位要做到检修组织落实、检修人员落实和检修安全措施落实	检修前现场检查
4.8	当设备检修涉及高处、动火、动土、断路、吊装、抽堵盲板、受限空间等作业时，须按《化学品生产单位高处作业安全规范》（AQ 3025—2008）、《化学品生产单位动火作业安全规范》（AQ 3022—2008）、《化学品生产单位动土作业安全规范》（AQ 3023—2008）、《化学品生产单位断路作业安全规范》（AQ 3024—2008）、《化学品生产单位吊装作业安全规范》（AQ 3021—2008）、《化学品生产单位盲板抽堵作业安全规范》（AQ 3027—2008）、《化学品生产单位受限空间作业安全规范》（AQ 3028—2008）的规定执行	现场检查
4.9	临时用电应办理用电手续，并按规定安装和架设	（1）现场检查临时用电许可证； （2）现场检查安装和架设的临时用电设施
4.10	设备使用单位负责设备的隔绝、清洗、置换，合格后交出	现场检查车间设备隔绝、清洗、置换情况，检查检测合格的分析单
4.11	检修项目负责人应与设备使用单位负责人共同检查，确认设备、工艺处理等满足检修安全要求	（1）列入设备检修作业管理制度； （2）打开倒淋排空，检测可燃、有毒气体含量合格，污井、地漏、排污沟已经封堵，温度合适； （3）现场检查
4.12	应对检修作业使用的脚手架、起重机械、电气焊用具、手持电动工具等各种工器具进行检查；手持式、移动式电气工器具应配有漏电保护装置；凡不符合作业安全要求的工器具不得使用	现场检查施工作业设施、设备、工器具
4.13	对检修设备上的电器电源，应采取可靠的断电措施，确认无电后在电源开关处设置安全警示标牌或加锁	现场检查断电手续、断电牌、安全警示标牌和上锁情况
4.14	对检修作业使用的气体防护器材、消防器材、通信设备、照明设备等应安排专人检查，并保证完好	作业前清点并检查试用气体防护器材、消防器材、通信设备、照明设备
4.15	对检修现场的梯子、栏杆、平台、箅子板、盖板等进行检查，确保安全	现场检查
4.16	对有腐蚀性介质的检修场所应备有人员应急用冲洗水源和相应防护用品	现场检查淋浴洗眼器

续表

条款号	条款具体内容	如何将条款内容落实到现场
4.17	对检修现场存在的可能危及安全的坑、井、沟、孔洞等应采取有效防护措施，设置警告标志，夜间应设警示红灯	检修前、检修中现场检查
4.18	应将检修现场影响检修安全的物品清理干净	检修前、检修中现场检查
4.19	应检查、清理检修现场的消防通道、行车通道，保证畅通	检修前、检修中现场检查
4.20	需夜间检修的作业场所，应设满足要求的照明装置	现场检查
4.21	检修场所涉及的放射源，应事先采取相应的处置措施，使其处于安全状态	（1）在作业方案中明确要求； （2）现场检查
5.1	参加检修作业的人员应按规定正确穿戴劳动保护用品	检修前、检修中现场检查
5.2	检修作业人员应遵守本工种安全技术操作规程	列为入厂三级安全教育内容
5.3	从事特种作业的检修人员应持有特种作业操作证	现场检查特种作业检修人员的特种作业操作证
5.4	多工种、多层次交叉作业时，应统一协调，采取相应的防护措施	现场检查多层交叉作业的硬隔离防护措施
5.5	从事有放射性物质的检修作业时，应通知现场有关操作、检修人员避让，确认好安全防护间距，按照国家有关规定设置明显的警示标志，并设专人监护	（1）在作业方案中明确要求； （2）作业前的安全讲话明确要求； （3）现场检查
5.6	夜间检修作业及特殊天气的检修作业，须安排专人进行安全监护	（1）没有特殊情况，不进行这种作业； （2）现场检查安全监护人
5.7	当生产装置出现异常情况可能危及检修人员安全时，设备使用单位应立即通知检修人员停止作业，迅速撤离作业场所；经处理，异常情况排除且确认安全后，检修人员方可恢复作业	（1）在作业方案中的应急处理方面明确要求； （2）作业前的安全讲话明确要求； （3）现场检查
6.1	因检修需要而拆移的盖板、箅子板、扶手、栏杆、防护罩等安全设施应恢复其安全使用功能	（1）列入设备检修作业管理制度； （2）现场检查
6.2	检修所用的工器具、脚手架、临时电源、临时照明设备等应及时撤离现场	（1）列入设备检修作业管理制度； （2）现场检查
6.3	检修完工后所留下的废料、杂物、垃圾、油污等应清理干净	（1）列入设备检修作业管理制度； （2）现场检查

第十三节 《石油化工建设工程施工安全技术规范》（GB 50484—2008）相关条款及其现场落实

本规范适用于石油炼制、石油化工、化纤、化肥等建设工程施工的安全技术管理。

条款号	条款具体内容	如何将条款内容落实到现场
一、通用规定		
3.1.2	特种作业人员必须取得相应的上岗作业资格证	（1）入厂教育前查特种作业资格证； （2）作业前查特种作业资格证
3.1.7	进入施工现场的人员，必须按劳动保护要求着装	作业前检查人员着装
3.1.8	施工现场道路应设置安全警示标志	现场检查标志
3.1.8	需阻断道路时，应办理核准手续，设置明显标识	（1）现场检查断路票； （2）现场检查标识
3.1.10	进入现场的机具、设备和车辆，应办理准入手续	（1）列入施工作业管理制度； （2）施工机具、设备进场时，现场检查贴在施工机具、设备上的准入标志
3.2.25	从事辐射工作的人员要进行剂量监测	（1）作业前，检查辐射工作的人员，要佩戴有个人剂量仪； （2）辐射作业单位要建立个人剂量档案
3.2.26	放射性同位素与射线装置要妥善保管	（1）专人保管，作业时放在现场要有人员守护； （2）有专门库房存放

续表

条款号	条款具体内容	如何将条款内容落实到现场
3.2.26	放射性同位素与射线装置使用场所，应有防止人员受到意外照射的安全措施	现场检查屏蔽措施和安全警示标志
3.2.27	施工单位应为作业人员提供必备的防护用品	了解防护用品情况
3.2.28	施工单位应做好作业人员防暑降温的工作	（1）作业前安全讲话，指出如何应对高温天气； （2）现场检查轮换作业、遮荫措施、药物准备、人员掌握急救方法的情况
3.3.3	在禁火区，用火作业前，应办理用火作业许可证	（1）检查用火作业现场是否有用火作业许可证； （2）不能超出许可范围、许可时间、许可用火机具用火
3.3.3	在禁火区用火时应配备灭火器材	（1）检查用火作业现场是否配备灭火器材； （2）用火作业完成，灭火器材要放归原处
3.3.3	在禁火区用火时应设专人监护	检查用火作业现场是否有用火监护人
3.3.4	临近可燃易燃物，未采取措施之前，不得用火	（1）用火作业前现场检查确认； （2）检查用火作业现场
3.4.5	施工区域与生产装置的距离不符合相关规范的要求时，应设置防火墙或采取局部的防火措施	检查用火作业现场的隔离措施
3.3.6	用火施工完毕，应检查清理现场，熄灭火种，切断电源	用火施工完毕，施工方和用火监护人要检查现场，并且签字封票
3.3.10	高处作业用火，对周围存在的可燃物进行处理	用火作业前现场检查确认
3.3.10	高处作业用火，对其用火点下方的可燃物、机械设备、电缆、气瓶等采取可靠的保护措施	（1）很难采取十分有效的保护措施，不能实现本质安全，因此，尽可避免出现用火点下方有可燃物、机械设备、电缆、气瓶的情况； （2）现场检查
3.3.10	高处作业用火，应采取防止火花飞溅坠落的安全措施	现场检查防火兜、防火盘、防火隔层设置情况
3.3.11	高处作业用火，不得与防腐喷涂作业进行垂直交叉作业	现场监督检查
3.4.1	进入受限空间作业，应办理受限空间作业许可证	现场检查受限空间作业许可证及其气体检测分析报告单
3.4.2	进入受限空间作业，应消除压力，开启人孔	作业前现场监督检查
3.4.2	进入受限空间作业，必要时在设备与连接管道之间进行隔离	作业前现场监督检查，对于有毒有害、可燃可爆介质管线，必须加盲板隔离；对于氮气、氧气等会造成人员窒息、对人身有伤害的气体管线，必须加盲板隔离
3.4.2	进入受限空间作业，要分析合格后方可进人	现场检查气体检测分析报告单，要加好盲板后再采样检测分析

续表

条款号	条款具体内容	如何将条款内容落实到现场
3.4.3	在容易积聚可燃、有毒、窒息气体的设备、地沟、井、槽等受限空间作业前，应先进行通风，分析合格后方可进人；在作业过程中保持通风，必要时采取强制通风措施	（1）作业前现场检查设备自然对流通风的效果和机械通风设备运转情况； （2）作业前现场检查气体检测分析报告单； （3）作业过程中检查是否安排有人员守护风机运转情况
3.4.4	进入带有转动部件的设备作业，必须切断电源并有专人监护	（1）作业前现场检查生产单位是否办理断电手续； （2）作业前到配电所检查是否彻底断电； （3）了解电工人员是否验电； （4）作业现场检查是否有生产单位、施工单位双方都派出专人监护
3.4.5	进入受限空间作业，电焊机、变压器、气瓶应放置在受限空间外	（1）作业前现场检查； （2）作业过程现场检查； （3）作业前现场安全讲话明确要求
3.4.5	进入受限空间作业，电缆、气带应保持完好	（1）作业前现场检查； （2）作业过程现场检查
3.4.6	在容器内焊割作业时，应有良好的通风和排除烟尘的措施	作业前现场检查，要求装好并先运转抽风机
3.4.6	在容器内焊割作业时，应采用安全照明设备	作业前现场检查照明设备的漏电保护装置及其参数值；现场检查照明设备的额定电压值；照明设备从容器外往内照射能满足要求的，不将照明设备带入容器内
3.4.6	在容器内焊割作业时，容器外应设安全监护人	作业现场检查是否容器外生产单位、施工单位双方都派出专人监护
3.4.6	在容器内焊割作业时，工作间歇时，电焊钳和电弧气刨把应放在或悬挂在干燥绝缘处	（1）作业前现场安全讲话明确要求； （2）作业现场生产单位、施工单位双方监护人检查，要求停止作业，作业人员出来，电焊钳和电弧气刨把应放出容器外，防止漏气
3.5.1	15m及以上高处作业，应办理高处作业许可证	现场检查高处作业许可证
3.5.2	从事高处作业的人员，应经过体检。患有高血压、心脏病、癫痫病及其他不适合高处作业的人员不得从事高处作业	作业前现场检查人员体检证明书和体检结果；将体检证明书和进入设备人员一一对照
3.5.3	需要水平移动的高处作业，应设置生命绳	（1）在作业方案中明确； （2）现场检查生命绳设置
3.5.6	高处存放物料，应采取防滑落措施	（1）作业前现场检查； （2）作业过程现场检查； （3）作业前现场安全讲话明确要求
3.5.7	高处铺设钢格板，必须边铺设边固定	（1）作业前现场检查； （2）作业过程现场检查； （3）作业前现场安全讲话明确要求

续表

条款号	条款具体内容	如何将条款内容落实到现场
3.5.8	高处作业下方有通道，应搭设防护棚	（1）在作业方案中明确； （2）作业前现场检查
3.5.8	高处多工种垂直交叉作业，相互之间存在危害的，应在上下层之间设置安全防护层	（1）在作业方案中明确； （2）作业前现场检查； （3）作业过程现场检查； （4）尽量避免出现多工种垂直交叉作业，特别是不能吊装作业与其他工种垂直交叉作业
3.5.9	作业人员攀登时不得手持物品	（1）列为三级入厂安全教育的内容； （2）作业过程现场检查
3.5.9	使用移动式梯子，下方应有人监护	（1）作业前现场安全讲话明确要求； （2）作业过程现场检查
3.5.14	在钢梁上移动，应设置生命绳	（1）在作业方案中明确； （2）现场检查生命绳设置
3.5.16	作业平台经验收合格，悬挂合格牌后方可使用	（1）在作业方案中明确； （2）现场检查作业平台合格牌
3.5.18	作业平台应标识平台允许载荷值，不得超载作业	（1）在作业方案中明确平台允许载荷值； （2）现场检查
3.5.19	临边及洞口四周，应设置防护栏杆，设置警示标志，或者采取覆盖措施	（1）现场检查防护栏杆、警示标志； （2）采取覆盖措施要有足够的强度，否则变成陷阱
3.5.20	作业平台四周，应设置防护栏杆、挡脚板	（1）验收时现场检查防护栏杆、挡脚板； （2）作业过程中检查，不能因需要用料，临时拆除防护栏杆、挡脚板
3.5.21	在通道口、脚手架边缘等处，不得堆放物件	（1）每天作业前现场检查； （2）作业过程现场检查
3.6.3	电焊机二次线应采用铜芯软电缆，电缆应绝缘良好	（1）施工单位电工人员作业前现场检查； （2）生产单位安全人员、监护人员、电工人员现场检查
3.6.4	严禁在带压、可燃、有毒介质管道或设备进行焊割作业	（1）作业前确认好现场安全条件，办理、审批好用火作业许可证； （2）作业过程现场检查
3.6.7	电焊机应放置在干燥、防雨、通风的工棚内	作业前现场检查
3.6.7	电焊机的外壳应接地良好	施工单位电工人员、生产单位电工人员作业前现场检查
3.6.8	开启或关闭电焊机电源，应将电焊钳与工件隔离	（1）列为电焊作业操作规程，对电焊人员进行操作规程教育； （2）现场检查
3.6.9	高处作业，电焊机二次线电缆应与脚手架绝缘并绑牢	现场检查
3.6.10	电焊机和压缩机应有专人管理	现场检查专人管理设置

续表

条款号	条款具体内容	如何将条款内容落实到现场
3.6.10	电焊机和压缩机不应带负荷送、停电	（1）列为电焊作业、压缩机作业的操作规程，对人员进行操作规程教育； （2）现场检查
3.6.12	输送氧气、乙炔气用的胶管，应用不同颜色区分	现场检查氧气、乙炔气用胶管的颜色
3.6.12	氧气、乙炔气用的胶管，接头应严密，胶管不得鼓泡、破裂和漏气	现场检查氧气、乙炔气用胶管牢固性，保证不泄漏
3.6.13	氧气瓶、乙炔气瓶不得混放	现场检查氧气瓶、乙炔气瓶要分开放置，距离不小于5m
3.6.13	无保护圈的气瓶不得搬运或者装车	现场检查氧气瓶、乙炔气瓶搬运或者装车
3.6.13	装卸气瓶时严禁摔、抛和碰撞	现场检查氧气瓶、乙炔气瓶装卸车
3.6.14	气瓶的放置地点距明火不应小于10m；作业场所的氧气瓶与易燃气瓶的间距不应小于5m	（1）现场检查氧气瓶、乙炔气瓶之间的实际距离； （2）现场检查氧气瓶、乙炔气瓶与明火之间的实际距离
3.6.15	氧气瓶、乙炔气瓶不得靠近火源或在烈日下曝晒	（1）现场检查氧气瓶、乙炔气瓶是否靠近火源； （2）现场检查氧气瓶、乙炔气瓶，烈日曝晒时，要有遮阳措施
3.6.17	气瓶内气体不得用尽，剩余压力不宜小于0.05MPa	（1）列为焊接作业的操作规程，对人员进行操作规程教育； （2）现场检查
3.6.18	氧气瓶阀口处不得沾染油脂	（1）列为焊接作业的操作规程，对人员进行操作规程教育； （2）现场检查
3.6.19	立放气瓶应有防倒措施	现场检查
3.6.19	乙炔气瓶不得卧放使用	现场检查
3.6.19	乙炔气瓶使用时应安装阻火器	现场检查
3.6.19	乙炔气瓶上的易熔塞应朝向无人处	现场检查
3.6.20	在寒冷环境中，冻结的乙炔气管，不得用氧气吹扫，不得用火烤	（1）列为焊接作业的操作规程，对人员进行操作规程教育； （2）现场检查
3.7.2	土石方施工时，应采取防止沟、槽、山崖等边坡的塌方和滑坡措施	（1）在作业方案中明确； （2）现场检查； （3）下雨天气加强检查
3.7.3	雨天施工，应采取防雨措施；雷雨时，应停止露天作业	下雨天气加强检查
3.7.5	暑季施工，长时间露天作业场所应采取防晒措施	炎热、太阳曝晒天气，加强检查

续表

条款号	条款具体内容	如何将条款内容落实到现场
3.7.9	支在冻土上的模板及支架，应防止冻土融化而引起下沉或者倒塌	（1）在作业方案中明确； （2）现场检查； （3）特别寒冻天气加强检查
3.7.9	构件与地面或其他物体冻结在一起时，应在化冻松动后吊运	（1）列为吊装作业的操作规程，对人员进行操作规程教育； （2）特别寒冻天气吊装作业前，加强检查
3.7.10	施工现场的道路、斜道和脚手板上积存的冰、雪、霜应及时清除	（1）作业前现场检查； （2）下雪天、特别寒冻天气，加强检查
3.8.1	从事酸碱作业的人员应按规定穿戴专用防护用品	（1）作业前现场检查酸碱作业防护用品的齐全性和完好性； （2）作业过程中现场检查酸碱作业人员是否按要求穿戴专用防护用品； （3）作业前安全讲话明确
3.8.1	酸碱作业场所，应有冲洗水源和救治用品	（1）作业前现场检查洗眼淋浴器出水量、水质是否合格； （2）作业前现场检查救治用品是否齐全、可用
3.8.2	酸、碱溶液滴漏在作业场地上，应用水冲洗清除，或者中和处理后清除	作业过程中、作业后现场检查
3.10.6	大件运输应编制运输方案，设有警示标志，途中设有专人监护	检查运输方案、警示标志、设置专人监护情况
3.11.1	施工现场实行封闭管理，工地周边应设置围挡	（1）施工前现场检查； （2）施工过程中，要不定期检查，有损坏、施工所需临时拆除的围挡，要及时恢复
二、临时用电		
4.1.1	施工单位应建立临时用电管理制度与安全用电操作规程	施工前，检查施工单位的临时用电管理制度与安全用电操作规程，或者施工单位将其放置现场备查
4.1.2	施工临时用电宜采用四级配电系统	施工前现场检查
4.1.3	电工取得《特种作业操作证》，方可从事电工作业	施工前现场检查每名电工人员的电工《特种作业操作证》
4.1.3	在外电线路上作业的电工，除具有《特种作业操作证》外，还应持有与作业类别相适应的《电工进网作业许可证》	在外电线路上作业，施工前现场检查每名电工人员的《电工进网作业许可证》
4.1.5	临时用电工程应经使用单位、监理单位、批准单位共同验收，合格后方可使用	（1）列入临时用电管理制度； （2）投用临时用电工程前，现场检查了解是否工程经验收合格，验收人员提出需要整改的问题是否整改完成
4.1.6	安装、巡检、维修和拆除临时用电设备和线路，应由电工完成	（1）列入临时用电管理制度，进行制度教育； （2）现场检查

续表

条款号	条款具体内容	如何将条款内容落实到现场
4.1.6	电工使用的绝缘用品，应定期进行试验检查	检查试验报告或试验记录
4.1.8	发生电气火灾时，应首先切断电源	列入施工单位应急预案，进行预案教育
4.1.9	临时用电设备应进行检查和试验，确认合格并标识后方可使用	（1）查看电工现场检查和试验记录； （2）作业前现场检查合格标识
4.1.11	临时用电设备绝缘电阻的测试检查每年不少于一次，并应做好记录	查看电工现场检查测试记录
4.1.12	施工现场所有配电箱、开关箱应装设漏电保护器	作业前现场检查配电箱、开关箱装设漏电保护器情况
4.1.12	用电设备必须做到两级漏电保护	作业前现场检查
4.1.12	严禁将保护线路或设备的漏电开关退出运行	作业前现场检查
4.1.13	在大风、暴雨、沙尘等恶劣天气后，应对临时用电设备和线路检查	（1）列入临时用电管理制度，进行制度教育； （2）现场检查
4.1.15	临时用电设备检修，应先切断其前一级电源，拉开相应的隔离电器，并挂上“有人作业，严禁合闸”的警示牌	（1）列入临时用电作业操作规程，进行规程教育； （2）工作由电工完成； （3）现场检查
4.1.16	移动或拆除临时用电设备和线路，应切断电源，并对电源端导线做保护处理	（1）列入临时用电作业操作规程，进行规程教育； （2）工作由电工完成； （3）现场检查
4.1.17	增加用电负荷，应提出申请，经用电管理部门批准，由电工负责完成接引	（1）列入临时用电管理制度，进行制度教育； （2）增加用电负荷，要重新办理临时用电许可证； （3）作业过程中现场检查
4.2.2	临时用电变压器应装设在离地面不低于0.5m的台基上	现场检查
4.2.2	临时用电变压器应设置高度不低于1.7m的围墙或栅栏，围墙或栅栏的入口门应加锁	不定期现场检查
4.2.2	临时用电变压器应在围墙或栅栏处悬挂“止步，高压危险”的警示牌	现场检查警示牌
4.2.3	临时用电变压器的高压侧应装设高压跌落式熔断器	电工人员现场检查
4.2.5	两台及以上临时用电变压器，当电源来自电网的不同电源回路时，严禁变压器以下的配电线路并列运行	（1）在作业方案中明确； （2）电工人员现场检查

续表

条款号	条款具体内容	如何将条款内容落实到现场
4.2.7	临时用电变压器到配电柜的低压引线，在进入配电室处应有防水弯	现场检查防水弯
4.2.8	配电室内配电柜，应装设电源隔离开关以及短路、过载、漏电保护电器	电工人员现场检查
4.2.8	配电室内配电柜，柜面操作部位不得有带电体裸露	电工人员现场检查
4.2.8	配电室内配电柜，每个开关回路应有用途标记	电工人员现场检查开关回路用途标记，有不清晰的，补贴标记
4.2.9	配电室应配置消防器材，门应向外开并配锁	现场检查
4.2.10	箱式变压器投用前，应对内部电气设备进行检查，做电气性能试验，合格投用	（1）在作业方案中明确； （2）电工人员箱式变压器投用前现场检查； （3）检查电气性能试验记录
4.2.11	箱式变压器应采用压板固定在离地面不低于0.5m的台基上	现场检查
4.2.12	箱式变压器的高、低压开关应装设失压脱扣保护装置	箱式变压器投用前电工人员现场检查
4.2.13	临时用电自备发电机组电源应与外电线路联锁，严禁并列运行	（1）在作业方案中明确； （2）电工人员现场检查
4.2.14	临时用电自备发电机组，应装设电源隔离电器以及短路、过载、漏电保护电器	电工人员现场检查
4.2.15	临时用电自备发电机组，应将电源中性点直接接地，并独立设置TN-S接零保护系统	（1）检查设计图纸； （2）电工人员现场检查
4.2.16	临时用电自备发电机组的排烟管道应伸出室外	（1）在设计图纸中注明； （2）现场检查
4.2.16	储油桶不得存放在临时用电自备发电机房内	现场检查
4.3.1	架空线路应采用绝缘导线，经横担和绝缘子架设在专用电杆上，不得架设在树木或脚手架上	（1）在作业方案或者设计图纸中注明； （2）现场检查
4.3.1	绝缘导线的绝缘外皮不得老化、破裂	（1）线路安装前检查绝缘导线； （2）现场检查
4.3.2	架空线路距施工现场主要道路路面不应小于6m	现场检查架空线路高度，发现因弧垂过大造成高度不足，要抬高线路
4.3.3	单相用电设备应采用三芯电缆；三相用电设备应采用四芯电缆；三相四线制配电的电缆线路应采用五芯电缆；动力、照明合一的配电箱应采用五芯电缆	（1）电缆线路安装过程中检查； （2）电工人员现场检查

续表

条款号	条款具体内容	如何将条款内容落实到现场
4.3.4	电缆线路不得沿地面直接铺设，不得浸泡在水中	现场检查
4.3.5	架空电缆线路用支架支撑，电缆与支架之间，应采用绝缘物可靠隔离，绑扎线应采用绝缘线	（1）在作业方案或者设计图纸中注明； （2）现场检查
4.3.6	低压电缆直埋，埋深不得小于0.3m；低压电缆直埋在人员和车辆通行的区域，埋深不得小于0.7m	（1）在作业方案或者设计图纸中注明； （2）施工过程检查
4.3.6	高压电缆直埋，埋深不得小于0.7m	（1）在作业方案或者设计图纸中注明； （2）施工过程检查
4.3.6	电缆直埋，在电缆上、下层，应各铺厚度不小于100mm的软土或沙土，并盖砖等硬质保护层	（1）在作业方案或者设计图纸中注明； （2）施工过程检查
4.3.7	电缆直埋，在转弯处，在地面上设置明显的走向标志；在直线段，每隔20m，设置明显的走向标志	现场检查电缆走向标志
4.3.8	电缆穿越道路时，应采用坚固的保护管	施工过程检查
4.3.9	电缆接头应进行绝缘包扎，采取防雨和保护措施	现场检查
4.3.9	电缆接头不得设置于地下	施工过程检查
4.4.1	总配电箱应装设总隔离电器、总断路器和分路隔离电器、分路漏电断路器，以及用电压、电流指示装置等	（1）列入临时用电作业操作规程，对人员进行操作规程教育； （2）电工人员现场核对检查
4.4.2	分配电箱应装设总隔离电器、总断路器和分路隔离电器、分路漏电断路器，以用电压、电流指示装置等	（1）列入临时用电作业操作规程，对人员进行操作规程教育； （2）电工人员现场核对检查
4.4.3	开关箱内应装设隔离电器和漏电断路器	（1）列入临时用电作业操作规程，对人员进行操作规程教育； （2）电工人员现场核对检查
4.4.3	手持式电动工具和移动式设备应由开关箱供电	（1）接线过程中检查； （2）电工人员现场核对检查
4.4.4	用电设备应执行“一机一闸一保护”，严禁一个开关控制两台及两台以上设备；严禁一个开关控制两条及两条以上线路	（1）列入临时用电管理制度； （2）电工人员现场检查
4.4.6	配电箱和开关箱内的隔离电器应设置在电源进线端	电工人员现场检查
4.4.9	配电箱和开关箱的外形结构应能防雨	电工人员、安全人员、监护人员现场检查

续表

条款号	条款具体内容	如何将条款内容落实到现场
4.4.11	配电箱和开关箱的进线口和出线口应在箱下方，不得在箱体上方和门缝处接入电缆	现场检查配电箱和开关箱的进线口和出线口
4.4.12	控制两个供电回路，或者控制两台设备及以上的配电箱，箱内的开关电器，应注明开关所控制的线路或设备名称	现场检查配电箱内开关电器的回路标识
4.4.15	开关箱中漏电保护器，额定漏电动作电流不得大于30mA，额定漏电动作时间不得大于0.1s	（1）作业前现场检查开关箱内漏电保护器的性能参数； （2）性能参数标识要清晰
4.4.15	特别地，在潮湿、有腐蚀性介质场所和受限空间采用的漏电保护器，额定漏电动作电流不得大于15mA，额定漏电动作时间不得大于0.1s	（1）作业前现场检查开关箱内漏电保护器的性能参数； （2）性能参数标识要清晰
4.4.16	手持式电动工具和移动式设备相关开关箱中漏电保护器，额定漏电动作电流不得大于15mA，额定漏电动作时间不得大于0.1s	（1）作业前现场检查开关箱内漏电保护器的性能参数； （2）性能参数标识要清晰
4.4.19	配电室内配电柜中漏电保护器，额定漏电动作电流不得大于150mA，额定漏电动作时间不得大于0.1s	（1）作业前现场检查开关箱内漏电保护器的性能参数； （2）性能参数标识要清晰
4.4.19	配电室内配电柜中漏电保护器，额定漏电动作电流与额定漏电动作时间的乘积不得大于30mA·s	（1）作业前现场检查开关箱内漏电保护器的性能参数； （2）性能参数标识要清晰
4.4.22	总配电箱正常工作时应加锁；开关箱正常工作时不得加锁	现场检查
4.4.23	电气设备使用前，应先检查漏电保护器动作的可靠性	（1）列入临时用电管理制度； （2）使用前、每天作业前电工人员现场检查，作出记录
4.4.23	使用中的漏电保护器，每月至少应检查一次	查对检查记录
4.4.24	电气设备应有明显的通电、断电标识	现场检查
4.4.24	停用的电气设备应切断电源	现场检查
4.4.25	配电箱、开关箱内不得放置杂物	现场检查配电箱、开关箱
4.5.1	施工现场采用专用变压器供电时，临时用电应采用电源中性点（变压器低压侧中性点）直接接地、低压侧工作零线与保护零线分开的TN-S接零保护系统	（1）在作业方案或者设计图纸中注明； （2）电工人员在线路投用前检查
4.5.2	在TN-S接零保护系统中，电气设备的金属外壳必须与保护零线连接	电工人员在电气设备投用前检查其外壳接线保护情况

续表

条款号	条款具体内容	如何将条款内容落实到现场
4.5.2	保护零线应由工作接地线或配电室内配电柜电源侧零线处引出	电工人员在线路投用前检查
4.5.3	当施工现场与外电线路共用同一供电系统时，接地、接零方式必须与外电线路供电系统保持一致	电工人员在线路投用前检查
4.5.5	保护零线和工作零线自工作接地线或配电室内配电柜电源侧零线处分开后，不得再做电气连接	电工人员在线路投用前检查
4.5.7	保护零线必须在配电系统的始端、中间和末端处做重复接地	电工人员在线路投用前检查
4.5.7	工作零线不得做重复接地	电工人员在线路投用前检查
4.5.8	现场塔吊、龙门吊、电梯等设备保护零线应做重复接地	电工人员在线路投用前检查
4.5.11	用电设备的保护零线或保护地线应并联接地，不得串联接地或接零	电工人员在线路投用前检查
4.5.12	保护零线不得接入保护电器及隔离电器	电工人员在线路投用前检查
4.5.12	设备电源线中的保护零线必须连接，不得截断	电工人员在线路投用前检查
4.5.13	与电气设备相连接的保护零线应采用截面不小于2mm^{2}的绝缘多股铜线	电工人员在线路投用前检查
4.5.13	保护零线应采用统一标志的绿／黄双色线	电工人员在线路投用前检查保护零线
4.5.13	在任何情况下不得使用绿／黄双色线做电源线和工作零线	电工人员在线路投用前检查
4.6.3	行灯照明应采用安全特低电压，行灯电压不应大于36V；在高温、潮湿场所，行灯电压不应大于24V；在特别潮湿场所、受限空间内，行灯电压不应大于12V	（1）作业前检查行灯电压； （2）行灯电压值标识要清晰
4.6.4	行灯手柄应绝缘良好，电源线应使用橡胶软电缆，灯泡外部应有金属保护罩	作业前电工人员、安全人员、监护人员检查行灯手柄、电源线和保护罩
4.6.5	行灯变压器必须采用安全隔离变压器	电工人员在作业前检查
4.6.5	行灯的安全隔离变压器的外露可导电部分与PE线相连接做接零保护，二次绕组的一端严禁接地或接零	电工人员在作业前检查
4.6.5	行灯的外露可导电部分严禁直接接地或接零	电工人员在作业前检查
4.6.5	行灯变压器必须有防水措施	电工人员在作业前检查

续表

条款号	条款具体内容	如何将条款内容落实到现场
4.6.5	行灯变压器不得带入受限空间内使用	（1）作业前安全讲话明确； （2）作业前电工人员、安全人员、监护人员检查
4.6.7	照明灯具应固定安装，严禁将220V的固定灯具作为行灯使用	作业前、作业过程中，电工人员、安全人员、监护人员检查
4.6.7	照明灯具必须有保护罩，严禁采用接线裸露的照明灯具	作业前电工人员、安全人员、监护人员检查
4.6.8	照明灯具的金属支架应采取接零保护措施	电工人员在安装灯具接线时和作业前检查
4.6.9	夜间影响行人、车辆、飞机等安全通行的施工部位或设施、设备，应设置红色警戒标志灯	现场检查红色警戒标志灯设置
	三、起重作业	
5.1.3	起重作业人员应取得特种作业操作证上岗	作业前现场检查起重作业人员的特种作业操作证上岗
5.1.5	遇大雪、大雨、大雾及六级以上风力（风速大于10.8m/s），不得进行吊装作业	（1）列入起重作业管理制度； （2）作业前、作业过程中留意天气情况
5.1.6	吊装前，要检查吊装工艺参数和吊装机索具	（1）审查吊装方案； （2）吊装前现场检查
5.1.6	责任人员签署《吊装命令书》后才能吊装作业	吊装前现场检查《吊装命令书》
5.1.8	吊装过程中工件应设溜绳，工件在吊装过程中不得摆动、不得旋转	（1）起吊前现场检查； （2）溜绳要有足够长度，防止重物吊高后，溜绳升高，起重人员无法抓到溜绳
5.1.9	吊装作业应划定警戒区域，并设置警示标志，必要时设专人监护	（1）作业前、作业过程中现场检查警戒线、警示标志，作业过程中损坏要重设； （2）现场检查是否按制度要求派出专人监护
5.1.10	缆风绳跨越道路，离地面高度不得低于6m，并应悬挂明显标志	吊装时现场检查道路
5.1.11	吊装过程中，作业人员应遵守岗位，听从指挥，无指挥者命令不得擅自操作	（1）列入起重作业规程，并进行规程教育； （2）现场检查
5.1.14	起重机索具应具有合格证；索具不得超负荷使用；应定期检查索具，并挂牌标识	作业前、作业过程中现场检查
5.1.16	制作吊耳与吊耳加强板的材料，必须有质量证明文件，不得有裂纹、重皮、夹层等缺陷	（1）吊装前检查质量证明文件； （2）吊装前检查吊耳与吊耳加强板
5.1.18	吊耳与设备连接的焊缝，应按设计要求检验，有检测报告	吊装前检查吊耳与设备连接的焊缝的检测报告

续表

条款号	条款具体内容	如何将条款内容落实到现场
5.2.1	起重机站位的地基、行走道路的地基的耐力值满足吊车要求	起重司机、起重人员、指挥人员吊装前检查起重机站位的地基、行走道路的地基
5.2.3	起重机工作、行驶、停放，应与沟渠、基坑保持一定的安全距离	现场检查起重机行驶路线和站位，不能损坏地面格栅板、盖板，应与沟渠、基坑保持一定的安全距离
5.2.3	起重机不能停放在斜坡上	现场检查
5.2.4	汽车式吊车，作业前支腿应全部伸出，并在支撑板与垫好方木或路基箱，支腿有定位销的应插上定位销	（1）吊装前现场检查； （2）受现场空间限制，不能全部伸出支腿，要视同特殊吊装作业管理
5.2.6	吊车不得跨越无防护设施的架空输电线路作业，臂杆及工件边缘与架空输电导线要保持安全距离：＜1kV，2.0m；10kV，3.0m；35kV，4.0m；110kV，5.0m；220kV，6m	现场检查臂杆及工件边缘与架空输电导线间的距离
5.2.8	双机抬吊工作，单机载荷不得超过吊车在作业工况下额定载荷的75%	作业前现场测量吊装作业半径，查准起重机起重性能表，计算实际载荷
5.2.8	双机抬吊工作，两台吊车的吊钩钢丝绳应保持垂直状态	现场检查
5.2.9	吊车空载行走时，吊钩应挂牢	现场检查
5.2.9	吊车吊工件行走时，应缓慢进行，工件不应摆动，工件离地不得超过500mm（没有特殊，吊车不能吊工件行走）	现场检查
5.2.9	吊车的负荷率应符合产品使用说明书的要求	现场检查
5.2.11	对于易摆动的工件，应拴溜绳控制	（1）列入起重作业规程； （2）现场检查
5.2.12	吊车严禁超载、斜拉或起吊不明重量的工件	（1）列入起重作业规程； （2）作业前现场检查
5.2.13	吊车进行回转、变幅、行走和吊钩升降等动作时应鸣声示意	（1）列入起重作业规程； （2）现场检查
5.3.1	卷扬机应制动良好	作业前作试制动检查
5.3.2	卷扬机的电动机旋转方向应与操作盘标志一致	作业前现场检查电动机旋转方向及操作盘标志
5.3.4	卷扬机外部传动部分，应加防护罩，运转中不得拆除	现场检查防护罩
5.3.5	卷扬机操作人员、吊装指挥人员和工件三者之间，视线不得受阻，否则增设指挥点	卷扬机工作时现场检查
5.3.6	卷扬机运转中，严禁用手拉、脚踩运转的钢丝绳，不得跨越钢丝绳	（1）列入卷扬机操作规程； （2）现场检查

续表

条款号	条款具体内容	如何将条款内容落实到现场
5.3.7	工件提升后，操作人员不得离开卷扬机；休息时，工件应放置地面	（1）列入卷扬机操作规程； （2）现场检查
5.4.1	手拉葫芦使用前应进行检查，制动器应有效，销子应牢固	作业前现场检查
5.4.4	手拉葫芦吊挂点应牢固可靠	现场检查，不能吊挂在工艺管线上，应挂于大型框架横梁
5.4.4	手拉葫芦吊装时，两钩受力应在一条直线上	现场检查两钩间应为一条直线，不能有弯曲现象
5.4.4	手拉葫芦不得超负荷使用	现场检查，将额定起重量与实际值相比较
5.4.4	手拉葫芦斜拉时悬挂位置应固定，不得产生滑动	现场检查
5.4.5	手拉葫芦吊钩挂绳扣时，应将绳扣挂至钩底	现场检查
5.4.5	严禁将吊钩直接挂在工件上	现场检查
5.4.6	手拉葫芦起重作业暂停，或者将工件停在空中时，应将拉链封好	现场检查
5.4.7	手拉葫芦放松时，起重链条应保留3个以上扣环	（1）列入手拉葫芦操作规程； （2）现场检查
5.4.8	采用多个手拉葫芦作业时，手拉葫芦受力不应超过额定载荷的70%	（1）列入手拉葫芦操作规程； （2）现场检查
5.4.13	千斤顶工作时，应随着工件的升降，随时调整保险垫块的高度	（1）列入千斤顶操作规程； （2）在作业方案中明确； （3）列入作业前安全讲话内容； （4）现场检查
5.4.14	用多台千斤顶同时工作时，应采用规格型号相同的千斤顶	（1）作业前检查千斤顶； （2）现场检查
5.4.16	麻（棕绳）不得在机械驱动的作业中作为起吊索具使用	作业前现场检查
5.4.18	麻（棕绳）使用中不得与锐利的物体接触，捆绑时应加垫保护	在吊装过程中，捆绑时、起吊前现场检查
5.4.20	合成纤维吊装带有破损不得使用	作业前现场检查合成纤维吊装带
5.4.21	合成纤维吊装带使用中不得与锐利的物体接触，捆绑时应加垫保护	（1）列入起重作业规程，并进行规程教育； （2）在吊装过程中，捆绑时、起吊前现场检查
5.4.24	钢丝绳使用中不得与棱角及锋利物体接触，捆绑时应垫以圆滑物体保护	（1）列入起重作业规程，并进行规程教育； （2）在吊装过程中，捆绑时、起吊前现场检查
5.4.30	吊钩上的防止脱钩装置应齐全完好	作业前现场检查吊钩上的防止脱钩装置，不能缺失，不能失去支弹力

续表

条款号	条款具体内容	如何将条款内容落实到现场
5.4.35	卸扣螺杆的螺纹，应全部拧入螺口内	（1）列入起重作业规程，并进行规程教育； （2）在吊装过程中，捆绑时、起吊前现场检查
5.6.3	吊蓝要求：底板无间隙；底板四周设置踢脚板；栏杆高度不能低于1.4m；设置4个吊耳	作业前现场检查吊蓝
5.6.5	吊蓝使用前，应用吊蓝负荷1.5倍的重物进行上下吊运和定位试验	作业前现场检查吊蓝，并做上下吊运和定位试验
5.6.8	作业时，作业人员佩戴的安全带不得系挂在吊蓝及其钢丝绳上	（1）列入作业前安全讲话内容； （2）现场检查
5.6.9	使用吊蓝作业的区域下方应设置警戒标志和围栏，并设专人监护	作业前现场检查
5.6.9	吊蓝升降应有专人指挥	作业前现场检查指挥人员
5.6.9	吊蓝处于15m及以上高处作业时，应配有专门的通讯工具	（1）在作业方案中明确； （2）作业前现场检查通讯工具并试用
5.6.10	吊蓝提升用的钢丝绳应单独设置；吊蓝底部应设置不少于2根溜绳，并有专人控制	（1）列入吊蓝作业规程，并进行规程教育； （2）作业前现场检查
5.6.11	使用吊蓝载送人员时，作业人员携带的小型工具和物品应放在工具袋内，且不得同时装载其他物品	（1）列入作业前安全讲话内容； （2）现场检查
5.6.12	吊蓝内不得进行焊割作业	作业过程中现场检查
四、脚手架作业		
6.1.1	架体高度50m以上，应编制专项施工方案	（1）列入高处作业管理制度； （2）作业前现场检查
6.1.2	脚手架作业人员，应取得《特种作业操作证》	作业前现场检查脚手架作业人员的《特种作业操作证》
6.1.4	六级以上大风，以及雨、雪、雾天，应停止脚手架作业；雪后上架作业，应及时扫除积雪	（1）列入脚手架作业规程； （2）作业前现场检查
6.1.8	搭、拆脚手架，应设置警戒区、警示牌，并有专人监护，警戒区内不得有其他作业或人员通行	（1）列入脚手架作业规程； （2）作业前、作业过程中现场检查
6.2.1	脚手架架杆，规格不同不得混用	（1）列入脚手架作业规程； （2）作业前现场检查脚手架架杆
6.2.3	脚手架扣件，必须更换出现滑丝的螺栓，严禁使用有裂缝、变形的扣件	（1）不定期检查脚手架扣件，淘汰不合格扣件； （2）作业前现场检查脚手架扣件； （3）安装扣件时架子工检查
6.2.6	冲压钢脚手板，应有防滑措施	（1）搭架作业前现场检查钢脚手板； （2）验收脚手架时，检查钢脚手板的防滑性； （3）使用脚手架，上架后检查钢脚手板的防滑性

续表

条款号	条款具体内容	如何将条款内容落实到现场
6.2.7	脚手板应使用镀锌铁丝双股绑扎，铁丝型号不应低于10#	（1）列入脚手架作业规程； （2）验收脚手架时，现场检查
6.3.2	脚手架应设置纵向、横向扫地杆	（1）列入脚手架作业规程； （2）验收脚手架时，现场检查
6.3.3	脚手架的底步距不应大于2m	（1）列入脚手架作业规程； （2）验收脚手架时，现场检查
6.3.4	除顶层顶步外，立杆接长的接头，必须采用对接扣件连接，且相邻立杆的对接扣件不得在同一高度内	（1）列入脚手架作业规程； （2）验收脚手架时，现场检查
6.3.5	纵向水平杆应设置在立杆内侧，长度不少于3跨	（1）列入脚手架作业规程； （2）验收脚手架时，现场检查
6.3.5	纵向水平杆宜采用对接扣件连接，若采用搭接，搭接长度不应小于1m，应等间距用3个旋转扣件固定	（1）列入脚手架作业规程； （2）验收脚手架时，现场检查
6.3.6	在每个主节点处必须设置一根横向水平杆	（1）列入脚手架作业规程； （2）验收脚手架时，现场检查
6.3.6	横向水平杆用直角扣件与立杆相连，严禁拆除	（1）列入脚手架作业规程； （2）验收脚手架时，现场检查； （3）使用脚手架过程中，现场检查
6.3.8	双排脚手架，立杆横距宜为1.5m； 立杆纵距不应大于2m；纵向水平杆步距宜为1.4~1.8m	（1）列入脚手架作业规程； （2）验收脚手架时，现场检查
6.3.8	操作层横杆间距不应大于1m	（1）列入脚手架作业规程； （2）验收脚手架时，现场检查
6.3.11	作业层应铺满脚手板	（1）列入脚手架作业规程； （2）验收脚手架时，现场检查； （3）使用脚手架过程中，现场检查脚手板，不能被拆除，或者出现松动
6.3.11	脚手板应设置在3根横向水平杆上，当脚手板长度小于2m时，可用2根横向水平杆	（1）列入脚手架作业规程； （2）验收脚手架时，现场检查
6.3.11	脚手板两端应铁丝绑扎固定	（1）列入脚手架作业规程； （2）验收脚手架时，现场检查
6.3.11	脚手板对接平铺，接头处应设置2根横向水平杆；脚手板搭接铺设，接头应在横向水平杆上	（1）列入脚手架作业规程； （2）验收脚手架时，现场检查
6.3.12	脚手板绑扎固定产生的铁丝扣应砸平	（1）列入脚手架作业规程； （2）验收脚手架时，现场检查
6.3.14	脚手架作业面应设立双护栏杆，作业层的端头也应设立双护栏杆封闭	（1）列入脚手架作业规程； （2）验收脚手架时，现场检查

续表

条款号	条款具体内容	如何将条款内容落实到现场
6.3.15	脚手架的两端、转角处、每隔6~7根立杆，应设置剪刀支撑或抛杆	（1）列入脚手架作业规程； （2）现场检查，要求搭脚手架过程中，随着脚手架升高，及时加装剪刀支撑或抛杆，防止脚手架倒塌， （3）验收脚手架时，现场检查
6.3.16	脚手架竖向每隔4m，横向每隔6m，设置连接杆与建筑物、构筑物牢固相连	（1）列入脚手架作业规程； （2）现场检查，要求搭脚手架过程中，随着脚手架升高，及时加装连接杆与建筑物、构筑物牢固相连，防止脚手架倒塌； （3）验收脚手架时，现场检查
6.3.16	连接杆应从底层第一步纵向水平杆开始设置	（1）列入脚手架作业规程； （2）搭设脚手架时，现场检查
6.3.17	脚手架应设立上下通道，直梯通道横档间距宜为300～400mm	（1）列入脚手架作业规程； （2）搭设脚手架时，现场检查； （3）验收脚手架时，现场检查
6.3.17	直梯超过8m，每隔6m设转角休息平台，且梯身应搭设有护笼	（1）列入脚手架作业规程； （2）搭设脚手架时，现场检查； （3）验收脚手架时，现场检查
6.3.18	作业层或通道外侧，应搭设不低于120mm高的挡脚板	（1）列入脚手架作业规程； （2）验收脚手架时，现场检查
6.3.19	搭设脚手架过程中脚手板、脚手架杆未绑扎，不得中途停止作业	（1）列入脚手架作业规程； （2）在搭设脚手架前的安全讲话强调； （3）搭设脚手架过程中，现场检查
6.3.19	拆除脚手架过程中，已拆开绑扣时，不得中途停止作业	（1）列入脚手架作业规程； （2）在拆除脚手架前的安全讲话强调； （3）拆除脚手架过程中，现场检查
6.3.20	脚手架搭设完成，应经检查验收合格后挂牌使用	（1）列入高处作业管理制度； （2）现场检查脚手架验收合格牌； （3）使用脚手架，上架前先检查是否挂有验收合格牌
6.3.21	使用过程中，未经批准，不得拆改脚手架	（1）列入脚手架作业规程； （2）现场检查
6.3.22	拆除脚手架必须由上而下分层进行，严禁先将连接杆整层拆除或数层拆除后，再拆除脚手架	（1）列入脚手架作业规程； （2）在拆除脚手架前的安全讲话强调； （3）拆除脚手架过程中，现场检查
6.3.26	拆下的脚手杆、脚手板、扣件等材料，应向下传递，或用绳索送下，严禁向下抛掷	（1）列入脚手架作业规程； （2）在拆除脚手架前的安全讲话强调； （3）拆除脚手架过程中，现场检查
6.4.1	挑式脚手架，斜撑杆上端应与挑梁固定，挑梁的所有着力点均应绑双扣	（1）列入脚手架作业规程； （2）验收脚手架时，现场检查
6.4.2	移动式脚手架，作业时应与建筑物、构筑物牢固相连	（1）列入脚手架作业规程； （2）在作业前的安全讲话强调； （3）作业过程中现场检查

续表

条款号	条款具体内容	如何将条款内容落实到现场
6.4.2	移动式脚手架，作业时应将滚动部分锁住	（1）列入脚手架作业规程； （2）在作业前的安全讲话强调； （3）作业过程中现场检查移动式脚手架底部滚动轮是否打上制动装置
6.4.2	移动式脚手架移动时，架上不得留有人员及材料，并且有防止倾倒措施	（1）列入脚手架作业规程； （2）在作业前的安全讲话强调； （3）作业过程中现场检查
6.4.3	悬吊架应均匀分布，不得偏载	（1）列入脚手架作业规程； （2）验收脚手架时，现场检查
6.4.3.	悬吊架悬挂点的间距不得超过2m	（1）列入脚手架作业规程； （2）验收脚手架时，现场检查
6.4.3	悬吊架应设置供人员进出的通道	（1）列入脚手架作业规程； （2）验收脚手架时，现场检查
6.4.3	人员在悬吊架上面作业时，安全带应系挂在高处的固定扣件上	（1）在作业前的安全讲话强调； （2）作业时现场检查
	五、土建作业	
7.1.5	在基坑、基槽边缘1m范围内不得堆土堆料	（1）列为作业方案内容； （2）挖土方作业时现场检查
7.1.6	土石方施工区域，应设置明显的警示标志和围栏，夜间应有警示灯	现场检查警示标志和围栏； 夜间检查警示灯
7.1.10	不得在基坑支撑结构上堆放重物；不得在基坑支撑结构上行走、站立；施工机械不得碰撞基坑支撑结构	（1）列为土建作业规程； （2）作业前的安全讲话强调； （3）现场检查
7.1.11	当基坑施工深度超过1m，坑边应设置临边防护；设置专用梯道；设立专人监护	（1）列为土建作业规程； （2）现场检查
7.1.12	电缆、管线等地下设施两侧1m范围内应采用人工开挖	（1）列为土建作业规程； （2）现场检查； （3）办理动土作业许可证时明确采用人工开挖
7.1.14	机械卸土应有专人指挥，卸土的沟边沿、坑边沿应设车轮档块	（1）列为作业方案内容； （2）现场检查车轮档块； （3）现场检查是否有专人指挥
7.2.1	敞开的桩孔应加盖密封、灌填或设防护栏	现场检查桩孔不能出现开口，应加有网罩或防护栏，防止人员误坠落
7.2.6	沉桩过程中，监测人员应距桩锤5m以外作业	（1）列为桩基或土建作业规程； （2）作业时现场检查
7.2.7	插桩时，作业人员手脚严禁伸入桩与桩架之间	（1）列为桩基或土建作业规程； （2）作业时现场检查
7.2.8	人工挖桩孔，井口作业人员应系安全带	（1）列为桩基或土建作业规程； （2）作业时现场检查

续表

条款号	条款具体内容	如何将条款内容落实到现场
7.2.8	人工挖桩孔，井下作业人员应穿戴专用劳动保护用品	（1）列为桩基或土建作业规程； （2）作业时现场检查
7.2.8	人工挖桩孔，井上设安全区，并设护栏	（1）列为桩基或土建作业规程； （2）作业前现场检查安全区、护栏，作业中不能擅自拆除
7.2.8	人工挖桩孔，孔口应设移动式活动盖板，孔外应筑堤防水	（1）列为桩基或土建作业规程； （2）现场检查
7.2.8	人工挖桩孔，作业区内不得有机动车行驶或停放	（1）必要时，设置禁止机动车通行的警示牌； （2）监护人员监督检查
7.2.8	人工挖桩孔，垂直运输机具和装置应配有自动卡紧保险装置	施工机具进场施工时现场检查自动卡紧保险装置
7.2.8	人工挖桩孔，挖出的土方，应随出随运，暂不能运走，应堆放在孔口3m以外，堆土高度不能超过1m	（1）列为桩基或土建作业规程； （2）作业时现场检查
7.2.8	人工挖桩孔，孔内作业应有通讯工具，孔上、孔下操作人员应随时保持联系	（1）列为桩基或土建作业规程； （2）作业时现场检查
7.5.1	砌筑作业，砌体高度超过地坪1.2m以上时，应搭设脚手架	作业时现场检查
7.5.1	砌筑作业，砌体在一层以上或者高度超过4m，采用里脚手架时，应支搭安全网；采用外脚手架时，应设护身栏杆和挡脚板，并用密目网封闭	（1）列为土建作业规程； （2）列为作业方案的内容； （3）作业前现场检查
7.5.2	砌筑作业，在脚手架上侧放的砖块，不得超过3层	（1）列为土建作业规程； （2）作业前的安全讲话强调； （3）作业时现场检查
7.5.2	砌筑作业，当班作业结束时，应将脚手板上的杂物清理干净	（1）作业前的安全讲话强调； （2）作业结束时现场检查
7.5.4	山墙砌好后应采取临时加固措施	（1）列为土建作业规程； （2）列为作业方案的内容； （3）作业时现场检查
7.6.3	钢筋加工棚内的照明灯应有护罩	加工棚内的照明灯投用前检查护罩
7.6.6	绑扎悬挑结构的钢筋时，应检查模板与支撑，确认牢固后作业	（1）列为土建作业规程； （2）作业前的安全讲话强调； （3）作业前、作业中现场检查
7.6.6	作业人员应站在脚手架的脚手板上，不得站在模板或支撑上作业	（1）列为土建作业规程； （2）作业前的安全讲话强调； （3）作业时现场检查
7.6.6	作业人员不得在钢筋骨架上站立、行走	（1）列为土建作业规程； （2）作业前的安全讲话强调； （3）作业时现场检查

续表

条款号	条款具体内容	如何将条款内容落实到现场
7.6.7	绑扎高柱，绑扎易失稳构件的钢筋，应设临时支撑	（1）在作业方案中明确； （2）作业时现场检查
7.6.9	预应力钢筋冷拉，冷拉机前应设防护档板	作业前现场检查防护档板
7.6.9	预应力钢筋冷拉，拧紧螺母或测量钢筋伸长值时，应在钢筋停止拉伸后进行	（1）列为土建作业规程； （2）作业前的安全讲话强调； （3）作业时现场检查
7.6.10	吊运短钢筋，宜使用吊笼	现场检查
7.6.10	吊运超长钢筋，应加横担	现场检查
7.6.10	吊运钢筋，捆绑钢筋，应使用钢丝绳并两点吊装	现场检查
7.7.2	混凝土搅拌机转动时，不得将手或其他物体伸入转筒内	（1）列入混凝土搅拌机操作规程，并进行规程教育； （2）作业前的安全讲话强调； （3）作业时现场检查
7.7.3	混凝土搅拌机进料斗升起时，人员不得在料斗下通过或停留	（1）列入混凝土搅拌机操作规程，并进行规程教育； （2）作业前的安全讲话强调； （3）作业时现场检查
7.7.4	用吊车、料斗浇筑混凝土，卸料人员不得进入料斗内清理杂物	（1）列入浇筑混凝土操作规程，并进行规程教育； （2）作业前的安全讲话强调； （3）作业时现场检查
7.7.4	用吊车、料斗浇筑混凝土，应防止料斗坠落	（1）作业前的安全讲话强调； （2）作业时现场检查
7.7.5	布料机不得碰撞或者直接搁置在模板上	（1）作业前的安全讲话强调； （2）作业时现场检查
7.7.5	布料机的布料杆不得当做起重吊臂使用	（1）列入浇筑混凝土操作规程，并进行规程教育； （2）作业前的安全讲话强调； （3）作业时现场检查
7.7.5	布料机的布料杆应与其他设施保持一定的安全距离	（1）列入浇筑混凝土操作规程，并进行规程教育； （2）作业前的安全讲话强调； （3）作业时现场检查
7.7.5	用吹出法清洗臂架上附装的输送管时，杆端附近不得站人	（1）列入浇筑混凝土操作规程，并进行规程教育； （2）作业前的安全讲话强调； （3）作业时现场检查
7.7.7	浇筑临边或悬挂结构时，应搭设防护栏并悬挂安全网	现场检查防护栏、安全网
7.7.8	浇筑混凝土应设专人监护，出现问题必要时撤离施工人员	现场检查监护人

续表

条款号	条款具体内容	如何将条款内容落实到现场
7.7.9	混凝土覆盖养护时，孔洞部位应有封堵措施，并设明显标志	现场检查封堵措施和标志，要求孔洞封堵物要有足够的强度、宽度，否则，人员踩下，坠入孔洞，如同陷阱
7.8.4	大模板施工，应有操作平台、上下梯道和防护栏杆等附属设施	现场检查
7.8.5	模板及其支撑应有承载混凝土重量、混凝土侧压力、施工载荷的强度和刚度	现场检查
7.8.6	平面模板上有预留孔洞时，应在模板安装后将洞口封盖好	现场检查洞口封盖，要求孔洞封盖物要有足够的强度、宽度，否则，人员踩下，坠入孔洞，如同陷阱
7.8.7	拆除模板时，严禁向下抛掷	（1）作业前的安全讲话强调； （2）作业时现场检查
7.8.7	拆除多层或高层模板混凝土模板时，下方严禁人员及车辆通行，并设围栏及警示牌，重要通道应设专人监护	（1）列为土建作业规程； （2）作业前的安全讲话强调； （3）作业时现场检查
7.10.5	涂刷冷底子油区域，周围30m半径范围内，作业时及作业后24h以内不得动火	（1）24h后安全人员才开具《用火作业许可证》； （2）作业时现场检查
7.10.6	用滑轮组吊运热沥青，应挂牢后平稳起吊，拉绳人员应避开沥青桶的垂直下方	（1）作业前的安全讲话强调； （2）作业时现场检查
7.10.6	用滑轮组吊运热沥青，接料人员应佩戴长桶手套	作业时现场检查
7.10.7	喷涂作业时，喷浆管道安装应紧固密封	作业时现场检查
7.10.7	喷涂作业时，喷嘴前方不得站人	（1）作业前的安全讲话强调； （2）作业时现场检查
7.10.7	喷涂作业时，输料软管不得随地拖拉和弯折	（1）作业前的安全讲话强调； （2）作业时现场检查
7.10.8	喷涂作业时，喷浆发生堵塞，应停止作业，管道泄压后方可拆卸清洗	（1）列入喷涂作业规程，进行规程教育； （2）作业前的安全讲话强调； （3）作业时现场检查
	六、安装作业	
8.1.1	构件摆放应稳固，构件立放应采取防止倾倒措施	现场检查
8.1.1	钢结构翻转、吊运时，应设置溜绳	现场检查
8.1.1	钢结构翻转、吊运时，作业人员应站在安全位置	（1）作业前的安全讲话强调； （2）作业时现场检查
8.1.1	多人翻转、搬运部件时，应有专人指挥，步调一致	（1）作业前的安全讲话强调； （2）作业时现场检查

续表

条款号	条款具体内容	如何将条款内容落实到现场
8.1.2	使用大锤、手锤时，严禁戴手套	现场检查
8.1.2	使用大锤、手锤时，锤头、锤柄不得有油污	现场检查
8.1.2	两人及两人以上打锤，不得面对面站立	（1）作业前的安全讲话强调； （2）作业时现场检查
8.1.2	打锤时，甩锤方向不得有人，并应采取听力保护措施	现场检查
8.1.3	构件吊装前，应事先设置爬梯，或者搭设高处作业平台	现场检查
8.1.5	钢框架结构施工时，随结构的安装，并及时安装平台、钢梯、栏杆、护脚板；当不能及时安装平台和栏杆，应封闭钢梯的入口，在入口处设置明显的警示标志	（1）列入安装作业方案； （2）作业前的安全讲话强调； （3）作业时现场检查
8.1.6	使用活动扳手，不得在手柄上加套管使用	作业时现场检查
8.1.7	清除毛刺，碎屑飞出方向不得有人	作业时现场检查
8.1.7	钻孔作业，严禁戴手套，并应系好衣扣，扎紧袖口	（1）列入钻台、钻床作业规程，进行规程教育； （2）作业时现场检查
8.1.7	钻孔时，应用卡具固定工件，不得用手握工件施钻	（1）列入钻台、钻床作业规程，进行规程教育； （2）作业时现场检查
8.2.3	作业区地面的油污应及时清除干净	现场检查
8.2.4	在装配皮带、链条、联轴器，或者盘转曲轴的作业时，应防止挤手	（1）列入钳工作业规程； （2）现场检查
8.2.5	吊运压缩机、汽轮机的转子，应使用专用吊装工具，应绑牢、吊平；吊离机身后应放在专用支架上，吊运时工件下方不得有人	（1）列入安装作业方案； （2）作业前的安全讲话强调； （3）作业前、作业中现场检查
8.2.6	翻转压缩机、汽轮机的上盖时，应采取防止摆动和冲击措施	（1）列入安装作业方案； （2）作业前的安全讲话强调； （3）作业中现场检查
8.2.7	压缩机机身、曲轴箱、变速箱作煤油渗漏试验或清洗零部件时，应划定禁火区	（1）列入安装作业方案； （2）作业中现场检查
8.2.8	装配设备零部件时，严禁用手插入接合面或探摸螺孔，取放垫铁时，手指应放在垫铁两侧	（1）列入钳工作业规程； （2）现场检查
8.2.9	检查机械零部件的接合面时，应将吊起的部分支垫牢固	（1）列入钳工作业规程； （2）现场检查
8.2.10	在用倒链吊起的设备部件下作业时，应将部件支垫牢固	（1）列入钳工作业规程； （2）作业前的安全讲话强调； （3）作业中现场检查

续表

条款号	条款具体内容	如何将条款内容落实到现场
8.2.11	在用热油加热零部件时，应严格控制油温，并应采取防止作业人员烫伤的措施	（1）列入施工作业方案； （2）作业前的安全讲话强调； （3）作业中现场检查
8.2.12	塔类设备卧式组对时，支座应牢固，两侧应垫铁	现场检查
8.2.13	塔类设备吊装前，应将随塔一起吊装的附件固定牢固，杂物清理干净	（1）确定吊装方案时，要注意将附件重量考虑进去； （2）吊装前现场检查
8.2.16	设备内作业结束后应清点人数	（1）列入进设备作业制度； （2）作业前的安全讲话强调； （3）人员进入设备内、从设备内出来，都要做好登记，由监护人员监督执行
8.2.16	设备封闭前，应进行内部检查清理，确认后方可封闭	（1）列入进设备作业制度； （2）由生产单位监护人员监督执行
8.2.18	设备试车区域应设置警戒线，无关人员不得入内	（1）作业前的安全讲话强调； （2）试车前现场检查警戒线； （3）试车过程中现场检查
8.2.19	运转中设备的旋转或往复运动部分不得进行清扫、擦抹或注射润滑油	列入设备操作规程，并进行规程教育
8.2.19	运转中设备，不得用手指触摸检查轴封、填料函的温度	列入设备操作规程，并进行规程教育
8.2.20	用甲醇、乙醚等液体作为试车介质时，应有防火和防止其进入眼睛及呼吸道的措施	（1）在试车方案中明确； （2）试车过程中现场检查人员佩戴防护用品情况； （3）出现密封不良，停止试车
8.4.3	管道安装，机械套丝时不得戴手套	（1）列入套丝操机作规程，并进行规程教育； （2）套丝作业过程中现场检查
8.4.4	吊装管段，不得单点吊装，应设置溜绳；起吊前应将管内杂物清理干净；起吊重物下方不得有人作业或行走	（1）列入起重作业规程，并进行规程教育； （2）现场检查
8.4.5	管子吊装就位后，应及时安装支架、吊架	现场检查
8.4.9	吊装阀门，不得将绳扣捆绑在阀门的手轮和手轮架上，施工人员不得踩在阀门手轮上作业或攀登	现场检查
8.4.13	管道吹扫出口处应设隔离区	（1）在吹扫方案中明确； （2）现场检查
8.5.1	电气作业用的安全防护用品不得移作他用	（1）列入电工作业规程，并进行规程教育； （2）定置管理安全防护用品； （3）现场检查

续表

条款号	条款具体内容	如何将条款内容落实到现场
8.5.1	绝缘手套、绝缘靴、验电器每半年应耐压试验一次；操作棒每年应耐压试验一次	（1）建立试验档案，做出试验计划； （2）做出试验记录或者试验报告； （3）现场检查试验记录或者试验报告
8.5.2	绝缘手套使用前，应进行充气试验，漏气、裂纹、潮湿的绝缘手套严禁使用	（1）列入电工作业规程，并进行规程教育； （2）学习绝缘手套使用说明书
8.5.2	绝缘靴不得赤脚使用	（1）列入电工作业规程，并进行规程教育； （2）学习绝缘靴使用说明书； （3）现场检查
8.5.3	无关人员严禁移动电气设备上的警示牌	（1）列入电工作业规程，并进行规程教育； （2）电气作业前复查电气设备上的警示牌是否正确； （3）现场检查
8.5.4	电气设备及导线的绝缘部分破损或带电部分外露时不得使用	（1）每天作业前电工人员现场检查； （2）作业过程中监护人员、安全人员现场检查
8.5.4	电气设备及线路在运行中出现异常时，应切断电源进行检修，不得带故障运行	（1）列入电工作业规程，并进行规程教育； （2）现场检查运行中的电气设备及线路是否有故障； （3）现场检查检修是否正确切断电源
8.5.5	电气作业时作业人员不得少于2人	（1）列入电工作业规程，并进行规程教育； （2）现场检查
8.5.6	操作人员必须穿绝缘鞋和戴绝缘手套	（1）列入电工作业规程，并进行规程教育； （2）现场检查
8.5.7	在运行中的变、配电系统的高低压设备和线路上作业，必须办理作业票	（1）列入电工作业管理制度，并进行制度教育； （2）作业前现场检查作业票
8.5.7	在运行中的变、配电系统的高低压设备和线路上作业，必须切断电源、验电、接地，并装设围栏、悬挂警示牌	（1）列入电工作业规程，并进行规程教育； （2）作业前办理电工作业票； （3）作业前、作业中现场检查
8.5.8	电气设备停电，应先停负荷，先低压后高压依次断开电源开关和隔离电器，取下控制回路的熔断器，锁上操作手柄	（1）列入电工作业规程，并进行规程教育； （2）作业前办理电工作业票； （3）作业前、作业中现场检查
8.5.9	在切断电源时，与停电设备有关的变压器和电压互感器等，应从高、低压两侧断开，并有可见断开点，悬挂"有人工作，严禁合闸"的警示牌	（1）列入电工作业规程，并进行规程教育； （2）作业前办理电工作业票； （3）作业前、作业中现场检查

续表

条款号	条款具体内容	如何将条款内容落实到现场
8.5.10	在室内配电装置某一间隔中工作或在变电所室外带电区域工作，带电区周围应设置临时围栏，悬挂警示牌；严禁操作人员在工作中拆除或移动围栏、携带型接地线和警示牌	（1）列入电工作业规程，并进行规程教育； （2）在作业方案中明确； （3）作业前办理电工作业票； （4）作业前、作业中现场检查
8.5.11	高压电气设备停电后，必须用验电器检验，不得有电（验电时应符合：验电器必须经试验合格；操作人员必须戴橡胶绝缘手套，穿绝缘鞋；验电时，必须在专人监护下进行；室外设备验电必须在干燥环境中进行）	（1）列入电工作业规程，并进行规程教育； （2）在作业方案中明确； （3）作业前办理电工作业票； （4）作业前、作业中现场检查
8.5.12	装设接地线时，应先装设接地的一端，再装接设备的一端；在装接设备的一端时，应先将设备放电	（1）列入电工作业规程，并进行规程教育； （2）在作业方案中明确； （3）作业前办理电工作业票； （4）作业前、作业中现场检查
8.5.13	线路送电必须先通知用电单位	（1）列入电工作业管理制度，并进行制度教育； （2）现场检查
8.5.14	对已拆除接地线或短路线的高压电气设备，均视为有电，不得接触	现场检查
8.5.18	敷设电缆，应由专人指挥	（1）在作业方案中明确； （2）现场检查
8.5.19	敷设电缆，转弯处作业人员应站在外侧操作	（1）在作业方案中明确； （2）现场检查
8.5.19	在高处敷设电缆，应有防止作业人员和电缆从高处滑落的措施	（1）在作业方案中明确； （2）现场检查
8.5.20	电气试验场所应设置保护零线或接地线	现场检查
8.5.20	电气试验台上和试验台前，应敷设绝缘垫板	现场检查
8.5.20	电气试验电源应按类别、相别、电压等级合理布设，并做出明显标志	（1）现场检查； （2）标志模糊、不明显，要更换
8.5.21	电气系统调试中，调试的设备、线路应与运行的设备、线路采取隔离措施	（1）在调试方案中明确； （2）调试作业前现场检查
8.5.22	电气试验区应设临时围栏、悬挂警告牌，并设专人监护	（1）在试验方案中明确； （2）试验作业前、作业中现场检查临时围栏、警告牌和监护人
8.5.23	高压设备在试验合格后，应接地放电	（1）列入电工作业规程，并进行规程教育； （2）在试验方案中明确； （3）现场检查

续表

条款号	条款具体内容	如何将条款内容落实到现场
8.5.23	用直流电进行试验的大容量电机、电容器、电缆等，应用带电阻的接地棒放电，再接地或短路放电	（1）列入电工作业规程，并进行规程教育； （2）在试验方案中明确； （3）现场检查
8.5.24	雷雨时，应停止高压电气试验	（1）列入电工作业规程，并进行规程教育； （2）在试验方案中明确； （3）现场检查
8.5.25	用兆欧表测定绝缘电阻时，被试件应与电源断开，试验后试件应充分放电	（1）列入电工作业规程，并进行规程教育； （2）在试验方案中明确； （3）现场检查
8.5.26	电压互感器的二次回路做通电试验时，二次回路应与电压互感器断开	（1）列入电工作业规程，并进行规程教育； （2）在试验方案中明确； （3）现场检查
8.5.27	电流互感器的二次回路不得开路，并经检查确认后，方可在一次侧进行通电试验	（1）列入电工作业规程，并进行规程教育； （2）在试验方案中明确； （3）现场检查
8.5.28	在与运行系统有关的继电保护或自动装置调试时，应办理试验工作票	（1）列入电工作业管理制度，并进行制度教育； （2）在调试方案中明确； （3）作业前现场检查试验工作票
8.5.29	严禁采用预约停送电的方式，在线路和设备上进行任何作业	（1）列入电工作业管理制度，并进行制度教育； （2）现场检查
8.5.30	多线路电源的配电系统，应在并列运行前核对相序（位）	（1）列入电工作业规程，并进行规程教育； （2）现场检查
8.6.2	在带压或内部有物料的设备、管道上不得拆装仪表的一次元件	（1）列入仪表作业规程； （2）列为入厂三级安全教育的内容； （3）作业前办理仪表作业许可证； (4) 作业过程现场有生产单位监护人； (5) 作业前确认好现场安全条件，作业中现场检查
8.6.3	在高温、蒸汽系统上作业时，应有防止烫伤的措施	作业前现场检查防止烫伤的措施，包括防烫服、防烫面罩、防烫手套和应急撤出通道
8.6.4	装运放射源的作业人员应经体检合格，装运时应穿戴好防护用品，严禁人体与放射源直接接触	（1）作业前检查体检表、防护用品； （2）作业前进行安全讲话

续表

条款号	条款具体内容	如何将条款内容落实到现场
8.6.4	放射性料位计安装，应符合下列规定：支架制作安装准确，焊接牢固；放射源应用专车运至现场；安装放射源，每人每次工作时间不得超过30min；安装后应及时制作警示标识；严禁提前打开核子开关；调整放射源的位置时，每人每次工作时间不得超过20min；并应减少作业人员数量	（1）在安装作业方案中明确； （2）作业前进行安全讲话，讲明安装作业安全要求
8.6.5	电动仪表的供电电压应与仪表额定电压相符；电动仪表接线时，不得带电作业，离开工作岗位应切断电源	（1）列入仪表作业规程； （2）列为入厂三级安全教育的内容； （3）作业前办理仪表作业许可证； （4）作业过程现场有生产单位监护人； （5）作业前确认好现场安全条件，作业中现场检查
8.6.6	检验可燃、有毒介质的分析仪表，试验前应对介质管路进行严密性试验	（1）列入仪表作业规程； （2）作业前现场检查
8.6.7	分析仪表用的样气气瓶，应妥善存放，并设专人保管	（1）现场检查存放点； （2）检查保管人员安排情况
8.6.8	仪表检验室内，应通风良好	现场检查检验室内通风情况，要求有强制通风和职业卫生监测
8.6.9	进行有毒气体分析器校验时，应采取防毒措施；氧气分析器的校验现场，严禁有油脂、明火	现场检查
8.6.10	油浴设备的温度控制器应准确，加热温度不得超过所用油的燃点，加热时不准打开上盖	（1）在作业方案中明确； （2）作业前进行安全讲话，讲明油浴设备作业安全要求； （3）现场检查
8.7.1	涂装作业场所应有良好的通风，作业人员应穿戴好劳动保护用品，不得吸烟和携带火种	（1）列入涂装作业规程； （2）在作业方案中明确； （3）作业前进行安全讲话，讲明油浴设备作业安全要求； （4）现场检查
8.7.3	机械方法除锈，应设置独立的排风系统和除尘净化系统	（1）在作业方案中明确； （2）作业前、作业中现场检查
8.7.4	喷砂作业应在设置围栏的专用区域内进行，并应有良好的通风条件；喷砂作业时不得把喷嘴对作业人员，多人作业时，对面不得站人；非作业人员不得进入喷砂作业区域	（1）在作业方案中明确； （2）作业前进行安全讲话，讲明喷砂作业安全要求； （3）作业前、作业中现场检查
8.7.5	涂装作业场所应严禁烟火	（1）在作业方案中明确； （2）现场检查

续表

条款号	条款具体内容	如何将条款内容落实到现场
8.7.6	油漆类涂料应专库储存，挥发性油漆应密封保管	（1）列入施工材料保管规程； （2）现场检查
8.7.6	油漆库房严禁烟火，设置警示标志，配置消防器材	（1）列入施工材料保管规程； （2）现场检查
8.7.7	严禁在涂装作业的同时进行电火花检测	现场检查
8.7.8	在上部敞口的围护结构内涂装作业时，或者在涂层干燥期间，入口处应设置“禁入”的标志，严禁未经准许的人员进入	（1）在作业方案中明确； （2）现场检查
8.7.8	涂装作业完成后，受限空间内应继续通风	（1）在作业方案中明确； （2）现场检查
8.7.9	涂装作业人员进入深度超过1.2m的受限空间时，应在腰部系上保险绳，绳的另一头交给监护人员，作为预防性防护	（1）在作业方案中明确； （2）作业前进行安全讲话明确； （3）现场检查
8.7.9	涂装作业严禁向密闭空间内通入氧气，严禁采用明火照明	（1）在作业方案中明确； （2）作业前进行安全讲话明确； （3）现场检查
8.7.13	在沥青防腐作业中，熬制沥青应缓慢升温，当温度升至180~200℃时，应不断搅拌，防止局部过热起火	（1）在沥青作业规程中明确； （2）在作业方案中明确； （3）作业前进行安全讲话明确； （4）熬制沥青不能离开人； （5）现场检查
8.7.13	熬制沥青，沥青温度最高不应超过230℃	（1）在沥青作业规程中明确； （2）在作业方案中明确； （3）作业前进行安全讲话明确； （4）熬制沥青不能离开人； （5）现场检查
8.7.13	装运热沥青，装入量不应超过容器深度的3／4，并且不应使用锡焊的金属容器	（1）在沥青作业规程中明确； （2）现场检查
8.7.14	涂装作业应防止人员涂料中毒，作业人员应间歇操作，作业中不得用手擦摸眼睛和皮肤	（1）列入涂装作业规程； （2）在作业方案中明确； （3）作业前进行安全讲话，讲明涂装作业安全要求； （4）现场检查
8.7.14	接触生漆等易引起皮肤过敏的涂装作业人员，作业前应作过敏试验	（1）列入涂装作业规程； （2）在作业方案中明确； （3）作业前进行安全讲话，讲明涂装作业安全要求； （4）现场检查

续表

条款号	条款具体内容	如何将条款内容落实到现场
8.7.14	涂装作业完成，应及时清理现场和工具，妥善保管、存放余料，及时更衣	（1）列入涂装作业规程； （2）在作业方案中明确； （3）作业前进行安全讲话，讲明涂装作业安全要求； （4）现场检查
8.7.14	涂装作业人员发生恶心、呕吐、头昏等症状时，应送至新鲜空气场所休息或送医院诊治	（1）列入涂装作业规程； （2）在作业方案中明确； （3）作业前进行安全讲话，讲明涂装作业安全要求； （4）现场检查
8.8.1	隔热施工作业人员应穿戴好防护用品，其衣袖、裤脚、领口应扎紧，粉尘作业场所应有通风措施	（1）列入隔热作业规程； （2）作业前进行安全讲话，讲明隔热作业安全要求； （3）现场检查
8.8.9	隔热施工作业铺设铝皮时应防止大风吹落伤人，停止作业应将铝皮钉牢或者栓扎牢固	（1）列入隔热作业规程； （2）作业前进行安全讲话，讲明隔热作业安全要求； （3）现场检查
8.8.12	隔热施工作业使用吊笼，操作人员应能直接看到吊笼的升降情况	（1）作业前进行安全讲话，讲明吊笼作业安全要求； （2）现场检查
8.8.12	隔热施工作业，吊笼升至卸料层后，应挂上保险钩或插好保险杠，同时应划出危险区，设置警戒线	（1）在作业方案中明确； （2）作业前进行安全讲话，讲明吊笼作业安全要求； （3）现场检查
8.8.13	灰桶、耐火砖和隔热材料应放在牢固稳妥的地方	（1）作业前进行安全讲话，讲明作业安全要求； （2）现场检查
8.8.14	喷涂施工，容器（锅炉）入口应悬挂“内部施工，严禁入内”的警示牌，入口处派人监护，保持容器内外联系正常	（1）在喷涂作业方案中明确； （2）作业前进行安全讲话，讲明在容器（锅炉）内喷涂作业的安全要求； （3）现场检查
8.8.14	喷涂施工，保持容器良好通风，必要时，设置风机强制通风	（1）在喷涂作业方案中明确； （2）作业前进行安全讲话，讲明在容器内喷涂作业的安全要求； （3）现场检查
8.8.14	隔热耐磨混凝土浇筑施工，振动棒所用电线必须从容器外接入，严禁将220V电源箱放入容器	（1）作业前进行安全讲话明确； （2）作业前现场检查
8.8.14	隔热耐磨混凝土浇筑施工，操作间隙必须将电源切断	（1）作业前进行安全讲话明确； （2）现场检查

续表

条款号	条款具体内容	如何将条款内容落实到现场
8.9.2	设备及管道试压前，应进行试验条件确认	（1）列入试压作业规程； （2）在试压作业方案中明确； （3）作业前现场检查是否已进行试验条件确认
8.9.2	设备及管道试压不得超压	（1）列入试压作业规程； （2）在试压作业方案中明确； （3）在方案中写明试验压力，设置至少双压力表，试压过程中现场检查压力
8.9.3	设备及管道试压，压力表的精度等级不得低于1.5级，且经检验合格，在检验有效期内	试压前现场检查压力表
8.9.3	设备及管道试压，压力表的量程应为试验压力的1.5~2倍，同一试压系统，压力表不得少于2个，压力表应垂直安装在便于观察的位置	试压前现场检查压力表
8.9.4	设备及管道试压用的临时法兰盖、盲板的厚度应经计算确定，加设位置应登记	（1）在方案中列出计算过程； （2）列出盲板登记表，注明盲板加设位置，加装、拆除盲板在表中签字确认； （3）试压前现场检查法兰盖、盲板
8.9.5	气压试验时，气压应稳定，试验设备和管道上应装安全阀，并注意环境温度变化对压力的影响	（1）在气压试验作业方案中明确； （2）气压试验前、试压中现场检查
8.9.5	试压过程中设备和管道不得受到撞击	（1）列入气压试验作业规程； （2）在气压试验作业方案中明确； （3）气压试验前安全讲话提出要求； （4）现场检查
8.9.5	试压过程中升压和降压应按试压方案进行，操作应缓慢	（1）在气压试验作业方案中明确； （2）现场检查
8.9.5	试压现场应加设围栏和警示牌，设专人现场监督	试压前、试压中现场检查
8.9.6	耐压试验时，带压介质泄漏方向或被试物件的脱离方向不得站人	（1）在试压作业规程中明确； （2）在气压试验作业方案中明确； （3）在试压前安全讲话提出要求； （4）现场检查
8.9.7	在试压过程中发现泄漏时，严禁带压紧固螺栓、补焊或者修理	（1）在试压作业规程中明确； （2）在气压试验作业方案中明确； （3）现场检查
8.9.8	在压力试验过程中，受压设备、管道如有异常声响、压力突降、表面油漆脱落等现象，应停止试验，查明原因	（1）在试压作业规程中明确； （2）在气压试验作业方案中明确； （3）在试压前安全讲话提出要求； （4）现场检查
8.10.2	热处理作业应设警戒区，配置灭火器材，无关人员不得进入	（1）在热处理作业规程中明确； （2）在热处理作业方案中明确； （3）现场检查

续表

条款号	条款具体内容	如何将条款内容落实到现场
8.10.3	热处理结束后应进行检查，确认无隐患后方可离开	（1）在热处理作业方案中明确； （2）作业后现场检查
8.10.4	采用燃油雾化燃烧法进行热处理，被处理设备与燃料储罐之间距离应符合要求	（1）在热处理作业方案中明确； （2）作业前现场检查
8.10.4	采用燃油雾化燃烧法进行热处理，燃油可燃气体输送管线不得泄漏	现场检查
8.10.4	采用燃油雾化燃烧法进行热处理，现场的可燃气体含量应定时分析，且不得超过允许浓度	（1）在热处理作业规程中明确； （2）在热处理作业方案中明确； （3）现场检查，除定时分析可燃气体含量外，若发现疑似泄漏，增加分析次数
8.10.4	采用燃油雾化燃烧法进行热处理，点火前应进行罐内气体置换，点火时应先将点火器点燃，再进行喷油点火	（1）在热处理作业规程中明确； （2）在热处理作业方案中明确； （3）现场检查
8.10.4	采用燃油雾化燃烧法进行热处理，风筒附近不得站人	现场检查
七、施工检测		
9.1.3	检验检测设备仪器应定期进行维护、保养和检定并保存记录	检查维护、保养和检定记录
9.1.3	检验检测设备仪器投用前应检查其性能状态	列入检验检测设备仪器管理制度，并进行制度教育
9.2.2	施工测量时，钢尺不得与带电体相碰	列入施工检测作业规程，并进行规程教育
9.2.4	使用激光经纬仪和红外线测距仪、全站仪时，不得对着人进行照射	列入施工检测作业规程，并进行规程教育
9.3.1	在成分分析中，作业人员不得在装有易燃、易爆物品的容器和管道上进行取样和光谱分析	列入化验分析、检测作业规程，并进行规程教育
9.3.2	作业人员不得用手直接拿取放化学药品和有危险性的物质	列入化验分析、检测作业规程，并进行规程教育
9.3.3	剧毒药品必须存放在保险柜内由专人保管并建立台帐	（1）列入剧毒药品管理制度，并进行制度教育； （2）现场检查
9.3.3	剧毒药品领取及使用，必须有两人同时在场	（1）列入剧毒药品管理制度，并进行制度教育； （2）现场检查
9.3.4	易挥发、易燃的化学药品，应分别存放于避光、干燥、通风处，远离高温和火源	（1）列入管理制度，并进行制度教育； （2）现场检查
9.3.4	使用易挥发性药品时，应在通风柜内操作	列入化验分析、检测作业规程，并进行规程教育
9.3.5	酸的稀释应将浓酸在搅伴下缓慢加入水中，不得将水加入酸中稀释	列入化验分析、检测作业规程，并进行规程教育

续表

条款号	条款具体内容	如何将条款内容落实到现场
9.3.6	盛装强酸、强碱的容器，不得放在高架上	（1）列入化验分析、检测作业规程，并进行规程教育； （2）现场检查
9.3.7	盛装可燃气体的钢瓶，应放在室外的指定地点，并用支架固定	（1）列入化验分析用钢瓶管理规程，并进行规程教育； （2）现场检查
9.3.8	氯酸钾等氧化剂与有机物等还原剂应隔离存放	（1）列入化学药品管理制度，并进行制度教育； （2）现场检查
9.3.9	进行过高氯酸冒烟操作的通风柜未经处理不得进行有机试剂操作	（1）列入化验分析、检测作业规程，并进行规程教育； （2）现场检查
9.3.10	溶液加热前，应将容器内的溶液搅拌均匀	（1）列入化验分析、检测作业规程，并进行规程教育； （2）现场检查
9.3.10	加热试管内的溶液时，其管口不得对人	（1）列入化验分析、检测作业规程，并进行规程教育； （2）现场检查
9.3.11	用电钻进行取样操作时，应戴防护面罩或防护眼镜，不得戴手套	（1）列入化验分析、检测作业规程，并进行规程教育； （2）现场检查
9.3.12	光谱分析作业时，人体不得与金属工件直接接触	（1）列入光谱分析作业规程，并进行规程教育； （2）现场检查
9.3.12	雨、雪天气不得在露天进行光谱分析作业	（1）列入光谱分析作业规程，并进行规程教育； （2）现场检查
9.3.12	在易燃物品附近进行光谱分析时，应办理《用火作业许可证》	（1）列入光谱分析作业规程，并进行规程教育； （2）现场检查《用火作业许可证》
9.3.13	含有辐射源的便携式合金元素分析仪应由专人保管	（1）列入含有辐射源的便携式合金元素分析仪作业规程，并进行规程教育； （2）存放现场检查保管人员
9.3.13	含有辐射源的便携式合金元素分析仪，使用时，不得在空载情况下开启快门	（1）列入含有辐射源的便携式合金元素分析仪作业规程，并进行规程教育； （2）现场检查
9.3.13	含有辐射源的便携式合金元素分析仪，使用后仪器仪表应及时装箱保存	（1）列入含有辐射源的便携式合金元素分析仪作业规程，并进行规程教育； （2）现场检查
9.4.1	熬制可燃试样时，应严格控制加热温度，防止试样溢出，作业场所应通风	（1）列入化验分析、检测作业规程，并进行规程教育； （2）现场检查

续表

条款号	条款具体内容	如何将条款内容落实到现场
9.4.2	冲击试验作业区应设置防护设施，试验前应检查摆锤、锁扣及保护装置的安全性能	（1）列入冲击试验作业规程，并进行规程教育； （2）现场检查
9.5.1	从事射线检测的单位必须具有《辐射安全许可证》，建立辐射安全防护管理体系，制订辐射事故应急预案	（1）列入射线检测作业、射线装置管理制度； （2）现场检查射线检测单位的《辐射安全许可证》、辐射安全防护管理体系和辐射事故应急预案
9.5.1	射线检测单位应对射线作业人员进行个人剂量监测，建立个人剂量和职业健康监护档案，并长期保存	（1）列入射线检测作业、射线装置管理制度； （2）现场检查射线检测单位的个人剂量仪、个人剂量和职业健康监护档案
9.5.2	射线作业人员应持有放射工作人员证	（1）列入射线检测作业、射线装置管理制度； （2）检查射线作业人员的《放射工作人员证》
9.5.3	采购或者租赁γ射线源时，必须持有《登记许可证》并向省级环境保护主管部门备案	（1）列入射线检测作业、射线装置管理制度； （2）检查《登记许可证》以及向省级环境保护主管部门备案的凭据
9.5.4	γ射线源应存放在专用储源库内	（1）列入射线检测作业、射线装置管理制度； （2）现场检查储源库
9.5.4	γ射线源储源库的出入口必须设置电离辐射警示标志和防护安全联锁、警示装置	（1）列入射线检测作业、射线装置管理制度； （2）现场检查储源库
9.5.4	γ射线源储源库的锁匙必须由2人管理，同时开锁方可开启库门	（1）列入射线检测作业、射线装置管理制度； （2）现场检查储源库
9.5.4	新旧γ射线源的更换应采用专用换源器进行，操作人员在一次更换过程中所接受的当量剂量不应超过0.5mSv，废源应送回制造厂或当地指定γ源处理单位处理	（1）列入射线检测作业、射线装置管理制度； （2）制定更换γ射线源的作业方案； （3）指定人员全程跟踪换源、操作人员当量剂量、源回收的工作
9.5.4	储存、领取、使用归还γ射线探伤仪或倒源罐时，必须进行登记、检查，做到账物相符	（1）列入射线检测作业、射线装置管理制度； （2）检查γ射线探伤仪或倒源罐的登记、检查、签收、盘点的工作
9.5.5	γ射线源的运输应按省级以上管理部门规定办理审批手续	（1）列入射线检测作业、射线装置管理制度； （2）检查运输审批手续

续表

条款号	条款具体内容	如何将条款内容落实到现场
9.5.5	在包装容器辐射测量合格后方可进行γ射线源的运输，应由专人押运专车运输	（1）列入射线检测作业、射线装置管理制度； （2）现场检查
9.5.6	透照室应确保门机联锁，示警安全装置完好	（1）列入射线检测作业、射线装置管理制度； （2）现场检查
9.5.7	现场射线检测场所应划分为辐射控制区和辐射监督区，在监督区内严禁进行其他作业	（1）列入射线检测作业、射线装置管理制度； （2）现场检查
9.5.8	在施工现场进行射线透照，在辐射控制区边界应悬挂"禁止进入放射性工作场所"的警示牌	（1）列入射线检测作业、射线装置管理制度； （2）现场检查
9.5.8	射线作业人员应在控制区边界外操作	（1）列入射线检测作业、射线装置管理制度； （2）现场检查
9.5.8	在辐射监督区边界上应设置信号灯、铃、警戒绳等警戒标志	（1）列入射线检测作业、射线装置管理制度； （2）在射线探伤作业许可证上明确； （3）现场检查
9.5.8	在辐射监督区边界上悬挂"当心电离辐射！无关人员禁止入内"的警示牌，并设专人警戒	（1）列入射线检测作业、射线装置管理制度； （2）在射线探伤作业许可证上明确； （3）现场检查
9.5.8	射线检测作业中应进行操作现场辐射巡测，围绕辐射控制区边界测量辐射水平	（1）列入射线检测作业、射线装置管理制度； （2）现场检查
9.5.8	射线检测作业时，作业人员应携带经检定合格、计量准确的个人剂量仪（TLD）、报警器、巡测仪	（1）列入射线检测作业、射线装置管理制度； （2）现场检查
9.5.8	γ射线源透照时，应一人操作一人监护	（1）列入射线检测作业、射线装置管理制度； （2）现场检查
9.5.8	在高处进行透照时，应搭设工作平台，并采取防止射线源坠落的措施	（1）列入射线检测作业、射线装置管理制度； （2）现场检查工作平台
9.5.8	对大型容器进行长时间透照，应安排监测人员值班，加强巡测检查	（1）列入射线检测作业、射线装置管理制度； （2）作业前安排监测值班人员； （3）现场检查
9.5.8	在夜间进行射线检测作业，应有照明	（1）列入射线检测作业、射线装置管理制度； （2）在射线探伤作业许可证上明确； （3）现场检查

续表

条款号	条款具体内容	如何将条款内容落实到现场
9.5.8	射线检测作业结束后，操作人员应检查确认射线检测设备完好，确认放射源回到源容器的屏蔽位置	（1）列入射线检测作业、射线装置管理制度； （2）在《射线探伤作业许可证》上明确； （3）现场检查
9.5.9	射线作业人员的个人年剂量限值应符合职业性外照射个人监测的有关规定	检查射线作业人员的个人年剂量限值记录
9.5.12	在有可燃介质的通电场所使用通电法或触头法进行磁粉检测时，应保持触头接触良好，不得在通电状态下移动电极触头	（1）列入磁粉检测作业规程； （2）现场检查
9.5.12	不得在盛装过易燃易爆介质的容器中使用触头法检测	（1）列入磁粉检测作业规程； （2）现场检查
9.5.13	使用冲击电流磁化时，应防止高电压伤人	（1）列入磁粉检测作业规程； （2）现场检查
9.5.14	当进行荧光磁粉或荧光渗透检测时，不得使用无滤波片或屏蔽罩失效的紫外线灯	（1）作业前安全讲话明确； （2）作业前现场检查
9.5.15	使用油磁悬液或溶剂型渗透检测剂检测时，检测作业点及其周边不得有明火，并应通风；在受限空间内进行检测时，应防止有机溶剂中毒，并设专人监护	（1）作业前办理《进入受限空间作业许可证》； （2）作业前现场检查
9.5.16	易燃易爆检测剂应储存在远离热源、阴凉通风处；散装渗透检测剂应密封储存	检查检测剂的储存情况
9.5.17	使用喷罐式检测剂时，作业人员应在上风侧操作	（1）作业前安全讲话明确； （2）现场检查
	八、施工机械使用	
10.1.1	施工机械应具有产品技术文件、使用说明书、安全技术操作规程	检查施工机械随机资料
10.1.3	起重机械应经所在地特种设备安全监督管理部门验收合格后方可投入使用，并应定期检测、审核	检查起重机械验收资料、定期检测审核资料
10.1.4	特种设备操作人员应持有《特种设备作业人员证》	检查特种设备操作人员的《特种设备作业人员证》
10.1.5	施工机械使用前应进行安全检查	列入施工机械操作规程
10.1.6	用电施工机械应执行“一机一闸一保护”的控制保护规定	（1）列入施工机械操作规程； （2）列入临时用电管理制度； （3）现场检查
10.1.7	与用电施工机械相关的平台、金属构架等应做好接地	（1）列入施工机械操作规程； （2）现场检查

续表

条款号	条款具体内容	如何将条款内容落实到现场
10.1.9	操作旋转切削类施工机械严禁戴手套	（1）列入施工机械操作规程； （2）现场检查
10.1.11	机械作业区应设置安全标识或警戒区，无关人员不得进入作业区或操作室内	（1）在作业方案中明确； （2）现场检查
10.1.12	大型施工机械应配备灭火器材	（1）列入施工机械操作规程； （2）现场检查特别注意检查灭火器材要有足够压力
10.2.1	手持电动工具使用前应进行检查并空载试验运转，正常后方可使用	（1）列入手持电动工具操作规程； （2）现场检查
10.2.2	手持电动工具的电源线不得有接头	（1）列入手持电动工具操作规程； （2）列入临时用电管理制度； （3）现场检查
10.2.4	在潮湿场所或者金属构架上作业，不得使用Ⅰ类手持电动工具	（1）列入临时用电管理制度； （2）现场检查
10.2.5	在受限空间内作业，必须使用Ⅲ类手持电动工具，安全隔离变压器或者漏电保护器必须装设在受限空间之外，并应设专人监护	（1）列入临时用电管理制度； （2）列入进入受限空间作业管理制度； （3）现场检查
10.2.6	使用手持电动工具时，应穿戴绝缘防护用品，应对眼睛、面部及听力进行适当的保护	（1）在作业方案中明确； （2）在作业前安全讲话中提出要求； （3）现场检查
10.3.1	起重机械的制动机构、变幅指示器、力矩限制器以及各种行程限位开关等安全保护装置，使用前应进行检查确认	（1）列入起重作业操作规程； （2）现场检查
10.3.7	起重机作业时，起重臂和重物下方严禁有人停留、作业和通过	（1）列入起重作业操作规程； （2）现场检查
10.3.7	起重机吊运重物时，严禁从人员上方越过	（1）列入起重作业操作规程； （2）现场检查
10.3.7	严禁使用起重机运载人员	（1）列入起重作业操作规程； （2）现场检查
10.3.8	起重机吊物时，应垂直起吊重物，严禁斜挂斜吊，严禁长时间悬吊重物	（1）列入起重作业操作规程； （2）现场检查
10.3.9	起重机操作手、吊装指挥人员必须持证上岗	现场检查《作业资格证》

续表

条款号	条款具体内容	如何将条款内容落实到现场
10.3.10	流动式起重机吊物行走时，载荷不得超过额定起重量的70%，且吊物离地面高度不得超过500mm，并拴好溜绳，由专人引导、监护	（1）列入起重作业操作规程； （2）现场检查
10.3.11	现场组装流动式起重机，安装完成后应进行调试，使用前应进行检查验收	（1）列入起重作业操作规程； （2）现场检查了解调试、验收情况
10.3.13	履带式起重机起吊重物达到额定起重量的90%及以上时，严禁下降起重臂	（1）列入起重作业操作规程； （2）现场检查
10.3.17	汽车式起重机作业时，驾驶室内不得有人	（1）列入起重作业操作规程； （2）现场检查
10.3.18	起重机行驶时，底盘走台上不得有人，不得堆放物	（1）列入起重作业操作规程； （2）现场检查
10.3.19	作业结束后，伸缩式臂杆起重机应将臂杆全部收回归位，挂好吊钩	（1）列入起重作业操作规程； （2）现场检查
10.3.19	作业结束后，桁架式臂杆起重机应将臂杆转至起重机的正前方，并降至40°～60°之间，各部制动器都应加保险固定，操作室和机棚都要关门加锁	（1）列入起重作业操作规程； （2）现场检查
10.3.48	卷扬机安装后，应搭设工作棚	作业前现场检查
10.3.48	卷扬机操作人员的位置可看清指挥人员和被拖动、起吊的物件	（1）列入卷扬机操作规程； （2）作业前现场检查
10.3.49	卷扬机钢丝绳不得与地面、或者机架摩擦，通过道路，应设过路保护装置	（1）列入卷扬机操作规程； （2）作业前现场检查
10.3.50	在卷扬机制动操作杆的行程范围内，不得有障碍物阻卡操作行程	（1）列入卷扬机操作规程； （2）作业前现场检查
10.3.51	严禁用手拉、脚蹊或者跨越卷扬机转动中的钢丝绳	（1）列入卷扬机操作规程； （2）现场检查
10.3.52	卷扬机起吊物件提升后，操作人员不得离开卷扬机	（1）列入卷扬机操作规程； （2）现场检查
10.3.52	卷扬机起吊物件和吊笼下面严禁人员停留或者通过	（1）列入卷扬机操作规程； （2）现场检查
10.3.52	卷扬机起吊物件或者吊笼，休息时应降至地面	（1）列入卷扬机操作规程； （2）现场检查

续表

条款号	条款具体内容	如何将条款内容落实到现场
10.4.1	铆、管机械上的传动部分应设有防护罩	现场检查
10.4.5	平板、卷板作业时，操作人员应站在机械两侧，不得站在机械前后或钢板上	（1）列入金属机械加工作业操作规程； （2）现场检查
10.4.7	铆、管机械工作过程中，应防止手和衣服被卷入扎辊内	（1）列入金属机械加工作业操作规程； （2）现场检查
10.4.10	剪板作业送料时，应用专用工具，手指不得扶送钢板或接近切刀和压板	（1）列入金属机械加工作业操作规程； （2）现场检查
10.4.11	剪板作业时，不得进入剪板机内侧清理余料	（1）列入金属机械加工作业操作规程； （2）现场检查
10.4.12	在更换冲剪机切刀、冲头漏盘或校对模具时，应在停机后进行，模具应卡紧	（1）列入金属机械加工作业操作规程； （2）现场检查
10.4.13	剪冲窄板时，应有特制的工具夹紧板材边缘，压住板材进行剪冲	（1）列入金属机械加工作业操作规程； （2）现场检查
10.4.18	钻孔作业时，必须戴防护眼镜，严禁戴手套，严禁手持工件	（1）列入金属机械加工作业操作规程； （2）现场检查
10.4.20	管子切断时，不得在旋转手柄上加长力臂	（1）列入金属机械加工作业操作规程； （2）现场检查
10.4.23	换热器抽芯机抽拉作业时，施工人员不得站在抽芯机上，人员不得在抽芯机下停留或穿越，抽芯机作业受到卡阻时，不得强力抽拉	（1）列入作业方案； （2）作业前安全讲话明确； （3）现场检查
10.5.1	电焊机应有完整的防护外壳，并应接地，一次、二次导线接线柱处应有护罩	（1）列入电焊作业操作规程； （2）现场检查
10.5.2	电焊机一次导线长度不宜大于30m，需要加长导线时应相应增加导线的截面	（1）列入电焊作业操作规程； （2）现场检查
10.5.2	电焊机导线通过道路时，应架高或穿入保护管并埋在地下；电焊机导线通过轨道时，应从轨道下方通过	（1）列入电焊作业操作规程； （2）现场检查
10.5.2	电焊机导线的绝缘不得受损且不得断股	（1）列入电焊作业操作规程； （2）现场检查

续表

条款号	条款具体内容	如何将条款内容落实到现场
10.5.3	移动电焊机时，应先切断电源	（1）列入电焊作业操作规程； （2）现场检查
10.5.3	焊接中突然停电，应切断电源	（1）列入电焊作业操作规程； （2）现场检查
10.5.5	焊割现场10m范围内不得存放氧气瓶、乙炔气瓶、油品等可燃、助燃物品	（1）列入气焊、气割作业操作规程； （2）现场检查
10.5.6	在潮湿地点作业时，应对操作人员作业位置采取绝缘措施，并应穿绝缘鞋	（1）列入电焊作业操作规程； （2）现场检查
10.5.7	氩弧焊机气管、水管不得泄漏	（1）列入气焊、气割作业操作规程； （2）现场检查
10.6.1	固定式动力机械的排气管应引出室外，并且不得与可燃物接触	现场检查
10.6.4	空气压缩机的储气罐和输气管路每3年应做水压试验1次，试验压力应额定压力的150%	检查水压试验报告
10.6.4	空气压缩机的压力表和安全阀应定期检验	检查检验报告